配电网工程施工工艺手册

配电台区

国网湖南省电力有限公司 组编

中国电力出版社
CHINA ELECTRIC POWER PRESS

内 容 提 要

《配电网工程施工工艺手册》共有《配电台区》《架空线路》《电缆线路》《配电站房》4个分册。

本书为《配电台区》分册，共分5章，详细规范了10kV配电台区工程施工及检修涉及的电杆定位组立、台架横担及主要设备安装、接地网敷设、附属设备安装、引线安装、综合配电箱进出线电缆安装、标识安装、低压接户线及表箱、电能表安装等施工检修工艺标准。

本书可供配电网工程施工人员和技术管理人员学习使用。

图书在版编目（CIP）数据

配电网工程施工工艺手册．配电台区／国网湖南省电力有限公司组编．—北京：中国电力出版社，2020.6（2024.1重印）

ISBN 978-7-5198-4254-3

Ⅰ．①配… Ⅱ．①国… Ⅲ．①配电系统－工程施工－手册 Ⅳ．①TM727-62

中国版本图书馆CIP数据核字（2020）第020205号

出版发行：中国电力出版社
地　　址：北京市东城区北京站西街19号（邮政编码100005）
网　　址：http://www.cepp.sgcc.com.cn
责任编辑：王　南（010-63412876）
责任校对：黄　蓓　常燕昆
装帧设计：张俊霞
责任印制：石　雷

印　　刷：北京锦鸿盛世印刷科技有限公司
版　　次：2020年6月第一版
印　　次：2024年1月北京第四次印刷
开　　本：880毫米×1230毫米　32开本
印　　张：3.25　　插　页　15
字　　数：91千字
印　　数：5001—5500册
定　　价：40.00元

编委会

编写组

主　　编　陈超强

副 主 编　方　庆　万方林

编写人员　包依平　周尚军　陈文景　郑茂杰　杨　军
　　　　　许　武　周　坤　彭志刚　邓　峰　杨　春
　　　　　杨　文　盛学益　石　峰　曾志辉　肖佐之
　　　　　黄志光　杨永平　涂　刚　代　灿　龙　波
　　　　　邱政超　董坚强

前　言

为建设结构合理、安全可靠、经济高效的高质量现代配电网，落实国家电网有限公司配电网标准化建设工艺“一模一样”工作要求，有效规范配电网施工检修标准，促进工艺水平的全面提升，国网湖南省电力有限公司特组织专家骨干编写了《配电网工程施工工艺手册》。

本手册全面覆盖配电网工程建设，共有《配电台区》《架空线路》《电缆线路》《配电站房》4 个分册。

本书为《配电台区》分册，共分 5 章，详细规范了 10kV 配电台区工程施工及检修涉及的柱上变压器台电杆定位组立、台架横担及主要设备安装、接地网敷设、附属设备安装、引线安装、综合配电箱进出线电缆安装、标识安装、低压接户线及表箱、电能表安装等施工检修工艺标准。本书主要参考了《配电网施工检修工艺规范》（Q/GDW 10742—2016）、《配电网技术导则》《国家电网公司配电网工程典型设计（2016 年版）10kV 配电变台分册》等相关技术标准、规范及导则。

本书图文并茂、内容全面、实用性强，可供各级配电网施工人员和技术管理人员参考使用。

由于编者水平有限，书中难免有疏漏和不足之处，敬请读者批评指正。

编　者

2020 年 4 月

C 目录
Contents

附　录　APPENDIX

CHAPTER 1

1

10kV 柱上变压器台安装方案

1.1 柱上变压器台侧装方案 ZA-1-CX

▶▶ 1.1.1 侧装方案概述

柱上变压器台侧装方案 ZA-1-CX 是《国家电网公司配电网工程典型设计（2016 年版）10kV 配电变台分册》（简称《典设 10kV 配电变台分册》）中的一种典型设计安装形式，变压器采用侧装，10kV 架空绝缘线采用侧面引下，低压综合配电箱（JP 柜）采用悬挂式安装（吊装），低压进线采用绝缘导线从变压器低压侧引进，2 回出线采用低压电缆从同一电杆外侧引出。

▶▶ 1.1.2 侧装方案台架杆型分类

柱上变压器台侧装方案 ZA-1-CX，采用双杆等高（直线杆型）或不等高（终端杆型）布置，根开 2.5m，电杆采用非预应力混凝土电杆，变台一般采用 12、15m 两种杆型，如遇边远山区抬杆立杆困难或旧台区改造等特殊情况，也可采用 10m 杆型。

▶▶ 1.1.3 侧装方案安装示意图

（1）10kV 柱上变压器台侧装 12m 双杆典型设计方案，引用《典设 10kV 配电变台分册》中 ZA-1-CX-D1-02-02（见附录 A）。12m 双杆典型设计侧装实施图见图 1–1。

（2）10kV 柱上变压器台侧装 15m 双杆典型设计方案，引用《典设 10kV 配电变台分册》中 ZA–1–CX–D1–03–01（见附录 B）。15m 双杆典型设计侧装实施图见图 1–2。

（3）10kV 柱上变压器台侧装 10m 双杆典型设计方案，引用《典设 10kV 配电变台分册》中 ZA–1–CX–D1–02–03（见附录 C）。10m 双杆典型设计侧装实施图见图 1–3。

图 1–1　12m 双杆典型设计侧装实施图

图 1-2　15m 双杆典型设计侧装实施图

图 1-3　10m 双杆典型设计侧装实施图

1.2 柱上变压器台正装方案 ZA-1-ZX

1.2.1 正装方案概述

柱上变压器台正装方案 ZA-1-ZX，是从《国家电网公司配电网工程典型设计（2016 年版）10kV 配电变台分册》中选取的一种“典设”安装形式，变压器采用正装、10kV 架空绝缘线采用正面引下，低压综合配电箱（JP 柜）采用悬挂式安装（吊装），低压进线采用绝缘导线从变压器低压侧引进，2 回出线采用低压电缆从同一电杆或两侧电杆外侧引出。

1.2.2 正装方案台架杆型分类

柱上变压器台正装方案 ZA-1-ZX，采用双杆等高（直线杆型）或不等高（终端杆型）布置等两种方式，根开 2.5m，电杆采用非预应力混凝土电杆，变台采用 12、15m 两种杆型。

1.2.3 正装方案安装示意图

（1）10kV 柱上变压器台正装 12m 双杆典型设计方案，引用《典设 10kV 配电变台分册》中 ZA-1-ZX-D1-02-02（见附录 D）。12m 双杆典型设计正装实施图见图 1-4。

（2）10kV 柱上变压器台正装 15m 双杆典型设计方案，引用《典设 10kV 配电变台分册》中 ZA-1-ZX-D1-02-01（见附录 E）。15m 双杆典型设计正装实施图见图 1-5。

图 1-4　12m 双杆典型设计正装实施图

图 1-5　15m 双杆典型设计正装实施图

CHAPTER 2

2

10kV 柱上变压器台安装施工

2.1 台架电杆基础施工

▶▶ 2.1.1 测量定位

（1）台架电杆根开。当变压器台架为双杆时，无论是等高还是不等高；无论是采用 12m 还是采用 15m 杆型；无论是正装还是侧装，台架电杆根开距离（电杆中对中的距离）都是 2500mm，根开误差不超过 ±30mm，迈步不应大于 20mm。

（2）测量定位。变压器台架电杆应用经纬仪找准地面基准，以线路直线桩为基准，标定台架主电杆基坑的中心桩、方向桩、辅助桩，再标定副杆基坑的中心桩、方向桩、辅助桩；用白石灰标画出坑口轮廓线。杆塔结构中心与中心桩的横、顺向位移，不应大于 50mm。

▶▶ 2.1.2 电杆埋深

台架电杆埋深应区别于线路电杆埋深。台架电杆埋深通常比同型号线路电杆埋深还要加深 0.2 ~ 0.3m，如表 2–1 所示。

表 2–1 不同杆长的台架电杆埋深和线路电杆埋深

杆长（m）	10	12	15
线路电杆埋深（m）	1.7	1.9	2.3
台架电杆埋深（m）	2.0	2.2	2.5

（1）直线杆型台架电杆。变压器台架双杆，变压器台无论是正装还是侧装，直线杆型台架电杆均为等高电杆，其埋深应按 10m 杆埋深 2.0m，12m 杆埋深 2.2m，15m 杆埋深 2.5m，等高台架电杆埋深值见表 2–2。

表 2–2　等高台架电杆埋深值

台架杆长（m）	10		12		15	
电杆埋深（m）	主杆	副杆	主杆	副杆	主杆	副杆
	2.0	2.0	2.2	2.2	2.5	2.5

（2）终端杆型台架电杆。当变压器台架双杆时，变压器台无论是正装还是侧装，为确保高压终端导线分布平直，终端杆型台架电杆杆头应为不等高电杆，主杆按台架电杆正常值埋深，其副杆埋深建议比主杆埋深增加 0.4m，即 12m 副杆埋深 2.6m；15m 副杆埋深 2.9m，不等高台架电杆埋深值见表 2–3。

表 2–3　不等高台架电杆埋深值

台架杆长（m）	10		12		15	
电杆埋深（m）	主杆	副杆	主杆	副杆	主杆	副杆
	2	2.4	2.2	2.6	2.5	2.9

▶▶ 2.1.3　台架电杆基坑施工

（1）施工注意事项。台架电杆基础坑一般为圆坑，以杆位桩为中心画出杆坑大小，在杆坑定位标记处进行施工。在坑口边沿 1m 范围内，不得堆放余土、材料、工器具等物品。在超过 1.5m 深的坑基内作业时，向坑外抛掷土石应防止土石回落坑内。坑底夯实后测量杆坑的深度及坑底水平。

（2）基坑施工。基坑施工分人工和机械两种。一种是人工掏挖，如图 2–1 所示，一般两人一组，利用传统的作业工具（如瓢和铲）进行掏挖坑，该方法劳动强度大、工作效率低，适用于机械设备难以到达的地域。另一种是利用机械化作业（见图 2–2），机械化作业如用挖掘机、旋挖机（见 2–3）、杆坑钻孔机等进行基坑施工，开挖面积小、场地破坏小、工作效率高，便于在公路、村道路边、城镇街道等区域地段开展施工作业；适用于 10、12 和 15m 混凝土水泥

图 2–1　人工掏挖

图 2–2　机械开挖杆洞

图 2–3　旋挖机

电杆直埋式基础，被广泛地推广利用。

电杆基坑采用底盘时，台架电杆基础坑深度为电杆埋深加底盘高度，其值应符合设计规定。选择直线杆型变压器台架电杆时，双杆基础按标准埋深加底盘高度施工；选择终端杆型变压器台架电杆时，主杆基础按标准值埋深加底盘高度施工，其副杆埋深应按标准埋深加 400mm 再加底盘高度施工；电杆基础坑深度的允许偏差应为 -50 ~ +100mm。当地质条件较好、电杆基坑未设计采用底盘时，其电杆基坑深度可按台架电杆基础坑深度施工，即台架电杆基础坑深度不得再加底盘高度。

（3）底盘安装。根据地质条件，台架杆底部按设计要求放置工厂化预制底盘。基坑底使用底盘时，坑底表面应保持水平，底盘安装尺寸误差应符合设计要求。底盘的圆槽面应与电杆中心线垂直，找正后应填土夯实至底盘表面。底盘安装允许偏差，应使电杆组立后满足电杆允许偏差规定。

2.2 台架电杆组立

▶▶ 2.2.1 组立前检查

（1）检查电杆质量。检查电杆是否为非预应力混凝土电杆，杆长是否符合典设要求；检查是否有3m埋深标识线；电杆表面是否光洁平整，壁厚是否均匀，应无偏心、露筋、跑浆、蜂窝等现象。平放地面时，检查电杆不得有纵向裂缝，横向裂缝宽度不应超过0.1mm，长度应不超过1/3周长；电杆杆身弯曲不应超过1/1000。杆高为15m的电杆，检查法兰螺栓穿向是否由下向上，是否按“二平一弹一螺母”（2个平垫圈、1个弹簧垫圈、1个螺母）方式紧固；检查其连接处是否作防锈处理。

（2）检查中心标桩、根开和坑深。用标杆复测杆坑中心位置是否偏移，两杆杆坑中心距离（根开）是否为2500mm，根开误差不超过 ±30mm，迈步不应大于20mm。杆坑深度是否符合要求，杆坑深度的偏差应为+100、-50mm。

▶▶ 2.2.2 电杆组立

（1）立杆机立杆（见图2-4）。

1）立杆机法只能用于竖立12m及以下的拔梢杆。杆坑应位于立杆机内重心适当位置，支点坚固、支腿平稳。

2）用直径约25mm、长度超过杆长1.5倍的棕绳或具有足够强度的线绳作为拉绳，绑扎应采用活结。起吊绳应系在电杆重心偏上位置；操作手摇卷扬机时应用力均匀。

（2）汽车起重机立杆（见图 2–5）。

1）立杆时，汽车开到距基坑口适当位置；放下汽车起重机的液压支撑腿时，应使汽车轮胎不受力；将吊点置于电杆的重心偏上

图 2–4　立杆机立杆

图 2–5　汽车起重机立杆

处，进行吊立电杆。一般起吊时，吊臂和地面的垂线成 30° 夹角。

2）电杆起立后，应及时调整杆位，使其符合立杆质量的要求，然后进行回填土；应在回填夯实并确保杆身稳固后松开起吊绳索。

（3）固定人字抱杆立杆（见图 2–6）。

图 2–6 固定人字抱杆立杆

1）两抱杆根位于坑口两侧，前后锚桩与人字抱杆顶点杆坑中心在同一垂直面上。抱杆长度一般可取杆塔重心高度加 1500～2000mm，打好前后临时拉线和绞磨的桩锚，临时拉线桩到杆坑中心距离，可取杆塔高度 1.2～1.5 倍；抱杆的根开根据实际经验在 2000～3000mm 范围内。

2）滑轮组应根据被吊电杆重量决定；起立过程中电杆重心应在基坑中心。抱杆起立到 70° 左右应放慢动作，调节好前后横绳。起立 80° 时，停止牵引，用临时拉线调整杆塔；电杆入坑后应校直电杆，并立即分层夯实回填土。电杆杆基防沉土台见图 2–7。

（4）立杆注意事项。

1）电杆起吊时，现场要服从专人统一指挥，电杆稍一经离地，

图 2–7　电杆杆基防沉土台

指挥员应指挥暂时停下来，由工作人员检查悬吊及捆绑情况，认为可靠后方准继续起吊。

2）起吊过程中，工作人员应离起吊电杆杆长 1.5 倍的距离，起吊电杆下禁止有人逗留和通行。

3）在工作负责人的指挥和作业人员的配合下将电杆放于杆坑内，确保电杆位置准确。

（5）基坑回填。

1）电杆组立后应校杆，检查电杆根开应在 2500mm ± 30mm，迈步不应大于 20mm，电杆的倾斜不应使杆梢的位移大于杆梢直径的 1/2。

2）基坑回填土时，土块应将土块打碎，土块直径不大于 30mm；每回填 300mm 应夯实一次，不得回填杂草、树根、建渣等杂物；回填土后的电杆杆基应制作防沉土台，土台面积应大于坑口面积，培土高度应超出地面 300mm。沥青路面或水泥路面不做防沉土台。

2.3 变压器台架安装

▶▶ 2.3.1 12m 杆型台架

（1）台架抱箍型号（见表 2-4）。台架抱箍由∟100×10 型扁铁加工成两个加强型半圆抱箍（BG8-280，TJ-BG-03），两个半圆抱箍组成一副台架抱箍，每副台架抱箍配两个 M18×90 螺栓，配双螺母双垫片。两副台架抱箍如图 2-8 所示。

表 2-4　台架抱箍型号

台架杆长（m）	10	12	15
台架抱箍型号	BG8-260，TJ-BG-03	BG8-280，TJ-BG-03	BG8-320，TJ-BG-03

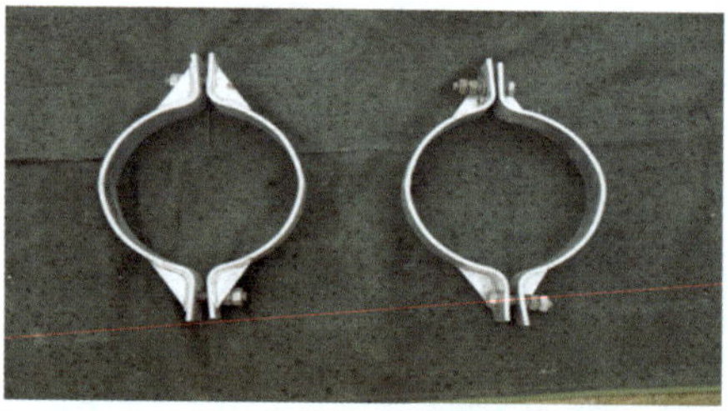

图 2-8　两副台架抱箍

（2）台架抱箍安装。台架抱箍安装在台架电杆上，抱箍加强平面向上，其上沿距地 3330mm，两边对称，保持水平；用

M18×90 的螺栓按“二平二螺母”（2 个平垫圈、2 个螺母）固定，抱箍安装方向与 10kV 线路方向垂直，螺栓穿向由台架内向外穿入。

（3）变压器双杆支持架（台架槽钢横担）安装。将两条变压器双杆支持架（台架槽钢横担）水平放置在台架抱箍（BG8-280，TJ-BG-03）上，前后一边一条，槽钢横担开口向外，用 4 个双头螺栓将槽钢横担固定。如果变压器双杆支持架（台架槽钢横担）两端开孔为八字型孔，则应将其喇叭口向上，即按倒八字安装，应夹紧电杆进行固定，必须保持各螺杆在同一水平线上（否则根开存在偏差或电杆存在倾斜）；双头螺栓按“一方垫二螺母”两头紧固，双螺母紧固后螺杆应出丝 2~3 个丝扣。变压器双杆支持架（台架横担）安装后，检查槽钢水平中线距地面的距离应为 3400mm。变压器台架安装示意图及施工图如图 2-9~图 2-13 所示。

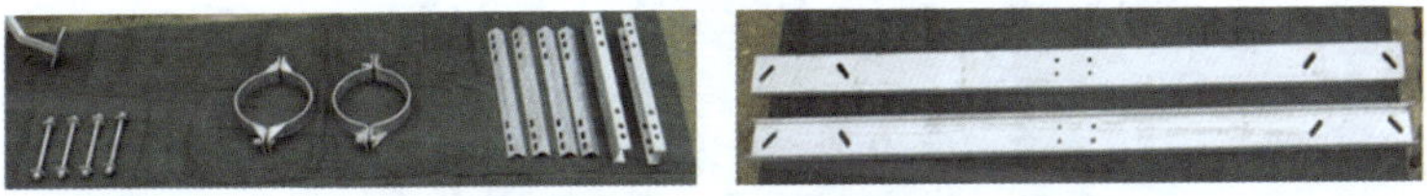

图 2-9　变压器台架安装材料图

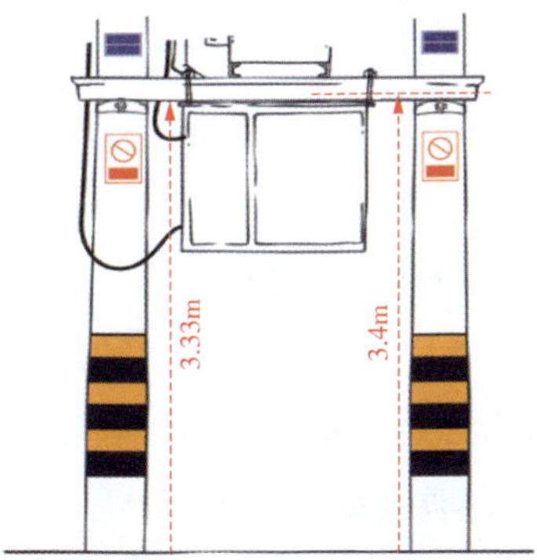

图 2-10　变压器台架安装示意图

图 2-11　变压器台架安装实施图

图 2-12　变压器台架槽钢安装

图 2-13　变压器台架端部安装工艺

▶▶ 2.3.2　15m 杆型台架

15m 杆型台架安装与 12m 杆型台架安装基本相同；不同的是 15m 杆型台架抱箍比 12m 型台架抱箍大 2 个规格（BG8-320，TJ-BG-03），电杆一般为法兰型组装杆，考虑到台架抱箍、台架横担的安装位置正好在电杆法兰盘连接处，不便于组装台架。15m 杆型台架在安装时，建议将台架整体加高 400mm，即台架抱箍上沿距地 3730mm，槽钢水平中线距地的距离应为 3800mm，其他工艺要求与 12m 杆型台架一致。另外，15m 杆型台架杆相应的熔断器横担和避雷器横担的安装高度也应同时加高 400mm。15m 杆型变压器台架安装及实施图见图 2-14 ~ 图 2-18。

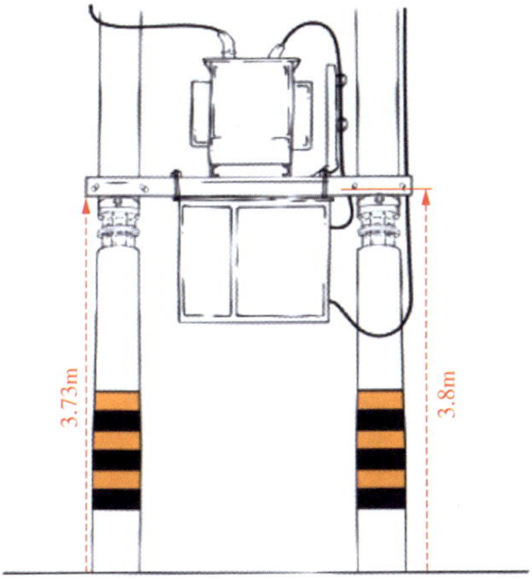

图 2-14　15m 杆型变压器台架示意图

图 2-15　15m 杆型变压器台架实施图

图 2-16　15m 变压器台架安装工艺

图 2-17　15m 变压器台安装实施图（一）

图 2-18　15m 变压器台安装实施图（二）

▶▶ 2.3.3　10m 杆型台架

10m 杆型台架安装与 12m 杆型台架安装基本相同；不同的是 10m 杆型台架抱箍比 12m 杆型台架抱箍小了 1 个规格，（即：BG8-260，TJ-BG-03），10m 杆型变压器双杆支持架（台架槽钢横担）的安装高度下降了 200mm，即台架抱箍的安装位置下降了 200mm，变压器双杆支持架（台架槽钢横担）距地实际为 3200mm，JP 柜的制作尺寸也相应小了些。其他工艺要求与 12m 杆型台架一致。10m 双杆台架目前仅在部分用电负荷和变压器容量需求小且增长速度较慢的农村、山区，以及 15m 和 12m 杆型运输不便的地区。按照资产全寿命管理要求，变压器容量为 100kV 及以下配电变压器应用。

2.4 台架电杆横担安装

▶▶ 2.4.1 侧装电杆横担安装

（1）12m 杆型侧装台架杆横担安装。

1）侧装线路直线杆横担安装。直线单顶帽安装在受电侧。直线单顶单抱箍安装，抱箍水平中线距杆顶 150mm；直线单顶双抱箍安装，底边抱箍水平中线距杆顶 350mm。直线横担安装在受电侧，横担与 10kV 线路方向垂直，用 U 型抱箍 U18-200 固定；横担水平中线距杆顶 800mm；柱式绝缘子垂直安装，绝缘子顶槽方向与横担垂直。直线杆横担见图 2-19。

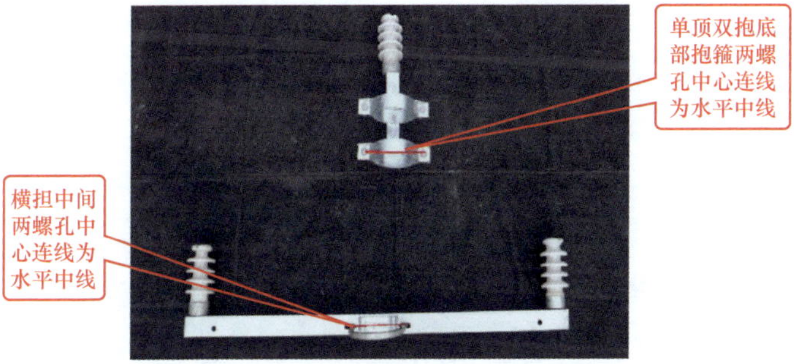

图 2-19　直线杆横担

台架主杆为终端杆型时，主杆应按 10kV 终端杆耐张组装金具，设置终端拉线。其中：中相抱箍水平中线距杆顶 150mm，水平耐张横担安装方向与 10kV 线路方向垂直，耐张横担水平中线距杆顶 1050mm，距变压器双杆支持架（台架槽钢横担）5350mm；距地面 8750mm。

2）侧装式引线横担安装（以下内容所述的引线避雷器、跌落保险横担安装均为安装在主杆上）。侧装引线横担（见图 2-20）安装在台架电杆内侧，横担与 10kV 线路方向垂直，用横担抱箍固定；横担水平中线距线路直线杆横担 1500mm，距杆顶 2200mm。柱式绝缘子侧面安装，绝缘子顶槽方向与横担垂直。引线横担安装图见 2-21。

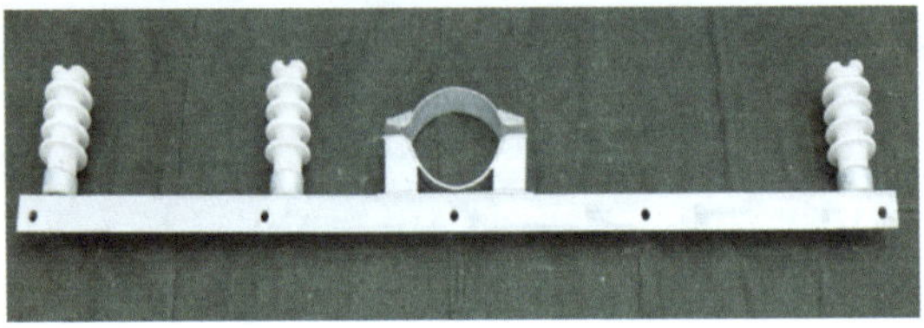

图 2-20　侧装引线横担

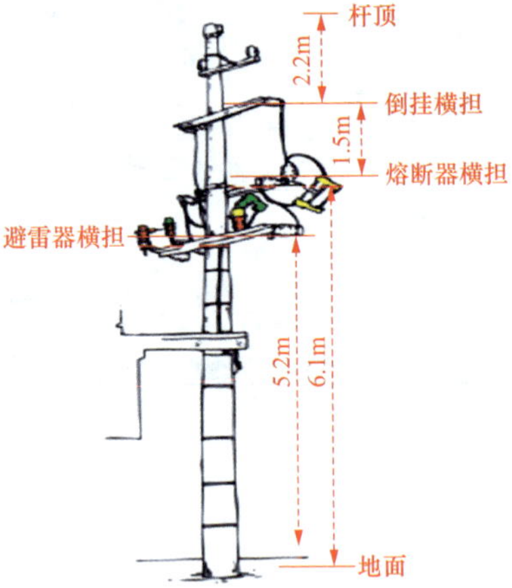

图 2-21　引线横担安装示意图

3）侧装熔断器横担安装。侧装跌落式熔断器横担（见图 2-22）安装在台架电杆外侧，横担与 10kV 线路方向垂直，用横担抱箍固定；横担水平中线距引线横担 1400mm，距杆顶 3700mm；距避雷器横担 900mm，距变压器双杆支持架（台架槽钢横担）2700mm，距地面 6100mm。横担上共安装 6 个柱式绝缘子，其中：3 个向上垂直安装，3 个向台架内侧垂直安装，绝缘子顶槽方向与横担垂直。跌落式熔断器通过熔断器安装架（RJ7-170）向台架外侧安装在横担上。

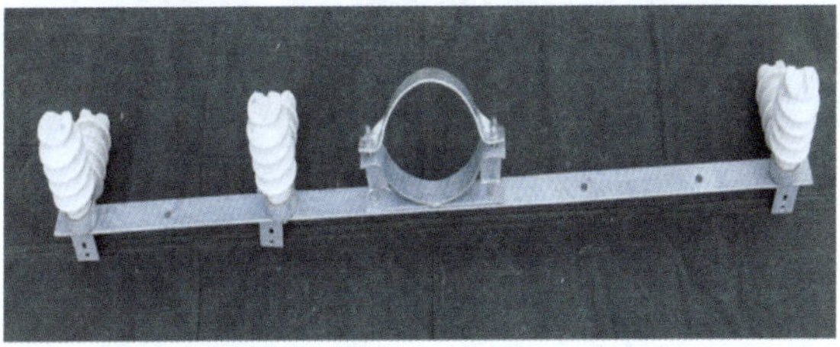

图 2-22　侧装跌落式熔断器横担

4）侧装避雷器横担安装。侧装避雷器横担（见图 2-23）安装在台架电杆内侧，横担与 10kV 线路方向垂直，用横担抱箍固定；横担水平中线距熔断器横担 900mm；距变压器双杆支持架（台架槽钢横担）1800mm，距地面 5200mm。3 个可装卸式避雷器向上垂直安装，3 个柱式绝缘子向台架外侧安装，绝缘子顶槽方向与横担垂直。

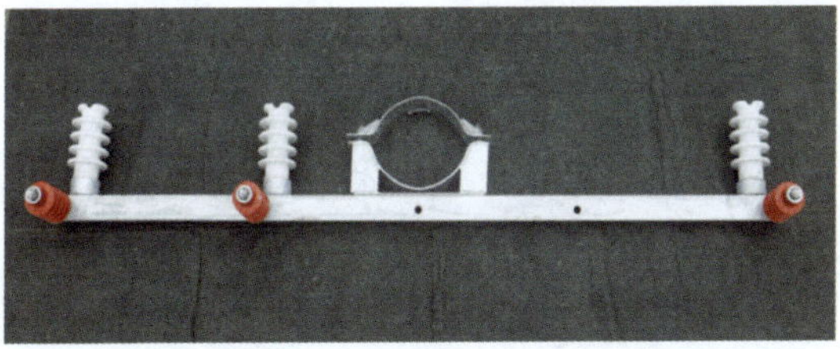

图 2-23　侧装避雷器横担

5）侧装式低压耐张横担安装。侧装式低压出线耐张横担（见图 2–24）安装在靠近变压器低压一侧的电杆上，耐张横担安装方向与 10kV 线路方向平行或垂直，低压架空线路走向与 10kV 线路方向垂直或平行。

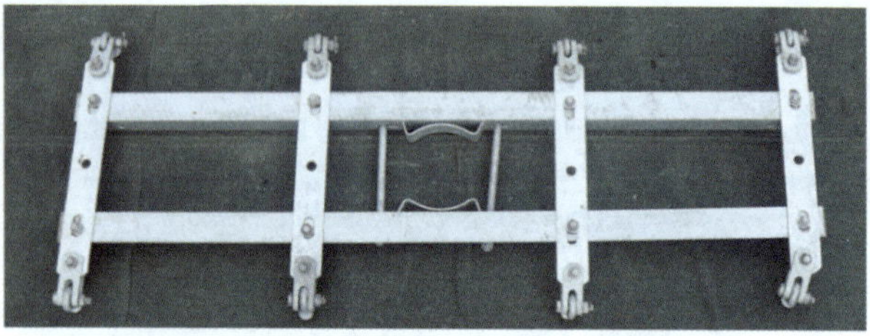

图 2–24　侧装低压出线耐张横担

6）侧装横担安装注意事项。台架电杆直线杆横担、引线横担、熔断器横担、避雷器横担的安装，从上至下应平行；横担安装应平、正，横担端部上下歪斜均不应大于 20mm；横担端部左右扭斜不应大于 20mm。

（2）15m 杆型侧装台架杆横担安装。

1）侧装线路直线杆横担安装。直线单顶帽安装在受电侧。直线单顶单抱箍安装，抱箍水平中线距杆顶 150mm；直线单顶双抱箍安装，底边抱箍中线距杆顶 350mm。直线横担安装在受电侧，横担与 10kV 线路方向垂直，用 U 型抱箍固定；横担水平中线距杆顶 800mm；柱式绝缘子垂直安装，绝缘子顶槽方向与横担垂直。

台架主杆为终端杆型时，主杆应按 10kV 终端杆耐张组装横担金具，设置终端拉线。其中：中相抱箍水平中线距杆顶 150mm，水平耐张横担安装方向与 10kV 线路方向垂直，耐张横担水平中线距杆顶 1050mm；距变压器双杆支持架（台架槽钢横担）8050mm，距地面 11450mm。

2）侧装引线横担安装。侧装引线横担安装在台架电杆内侧，横担与 10kV 线路方向垂直，用横担抱箍固定；15m 杆型台架杆设计两条引线横担，第一条横担水平中线距线路直线杆横担 2100mm；第二条横担水平中线距第一条引线横担 2000mm；距熔断器横担 1500mm，距变压器双杆支持架（台架槽钢横担）4200mm，距地 7600mm。柱式绝缘子侧面安装，绝缘子顶槽方向与横担垂直。

3）侧装熔断器横担安装。侧装跌落式熔断器横担安装在台架电杆外侧，横担与 10kV 线路方向垂直，用横担抱箍固定；横担水平中线距第二条引线横担 1500mm；距避雷器横担 900mm，距变压器双杆支持架（台架槽钢横担）2700mm；距地面 6100mm。横担上共安装 6 个柱式绝缘子，其中：3 个向上垂直安装，3 个向台架内侧垂直安装，绝缘子顶槽方向与横担垂直。跌落式熔断器通过熔断器安装架（RJ7-170）向台架外侧安装在横担上。

4）侧装避雷器横担安装。侧装避雷器横担安装在台架电杆内侧，横担与 10kV 线路方向垂直，用横担抱箍固定；横担水平中线距熔断器横担 900mm；距变压器双杆支持架（台架槽钢横担）1800mm，距地面 5200mm。3 个可装卸式避雷器向上垂直安装，3 个柱式绝缘子向台架外侧垂直安装，绝缘子顶槽方向与横担垂直。

5）侧装低压耐张横担安装。低压出线耐张横担安装在台架低压出线电杆上，水平耐张横担安装方向与 10kV 线路方向平行，低压架空线路走向与 10kV 线路方向垂直；耐张横担水平中线距 10kV 线路直线杆横担 2100mm，距杆顶 2900mm。距变压器双杆支持架（台架槽钢横担）6200mm，距地面 9600mm。

6）侧装横担安装注意事项。台架电杆直线杆横担、引线横担、熔断器横担、避雷器横担的安装，从上至下应平行；横担安装应平、正，横担端部上下歪斜均不应大于 20mm；横担端部左右扭斜不应大于 20mm。

（3）10m 杆型侧装台架杆横担安装。

1）线路直线杆横担安装。直线单顶帽安装在受电侧。直线单顶单抱箍安装，抱箍水平中线距杆顶 150mm；直线单顶双抱箍安装，底边抱箍中线距杆顶 350mm。直线横担安装在受电侧，横担与 10kV 线路方向垂直，用 U 型抱箍固定；横担水平中线距杆顶 800mm；柱式绝缘子采用垂直安装，绝缘子顶槽方向与横担垂直。

台架主杆为终端杆型时，主杆应按 10kV 终端杆耐张组装金具，设置终端拉线。其中：中相抱箍水平中线距杆顶 150mm，水平耐张横担安装方向与 10kV 线路方向垂直，耐张横担水平中线距杆顶 1050mm，距变压器双杆支持架（台架槽钢横担）3750mm，距地面 6950mm。

2）侧装熔断器横担安装。跌落式熔断器横担安装在台架电杆外侧，横担与 10kV 线路方向垂直，用横担抱箍固定；熔断器横担水平中线距 10kV 直线杆横担 1400mm，距避雷器横担 800mm，距变压器双杆支持架（台架槽钢横担）2600mm；距地面 5800mm。横担上共安装 6 个柱式绝缘子，其中：3 个垂直安装，3 个向台架内侧垂直安装，绝缘子顶槽方向与横担垂直。跌落式熔断器通过熔断器安装架（RJ7-170）向台架外侧安装在横担上。

3）侧装避雷器横担安装。避雷器横担安装在台架电杆内侧，横担与10kV线路方向垂直，用横担抱箍固定；横担水平中线距熔断器横担800mm，距变压器双杆支持架（台架槽钢横担）1800mm，距地面5000mm。3个可装卸式避雷器向上垂直安装，3个柱式绝缘子向台架外侧面安装。

4）侧装低压耐张横担安装。低压出线耐张横担安装在台架低压出线电杆上，水平耐张横担安装方向与10kV线路方向平行，低压架空线路走向与10kV线路方向垂直；耐张横担水平中线距10kV线路直线横担1200mm，距变压器双杆支持架（台架槽钢横担）2800mm；距地面6000mm。

5）侧装横担安装注意事项。台架电杆直线杆横担、引线横担、熔断器横担、避雷器横担的安装，从上至下应平行；横担安装应平、正，横担端部上下歪斜均不应大于20mm；横担端部左右扭斜不应大于20mm。

▶▶ 2.4.2　正装电杆横担安装

（1）12m杆型正装台架杆横担安装。

1）正装线路直线杆横担安装。直线单顶帽都安装在受电侧，直线单顶单抱箍（见图2-25）安装，抱箍水平中线距杆顶150mm；直线单顶双抱箍（见图2-26）安装，底边抱箍中线距杆顶350mm。直线横担（见图2-27和图2-28）安装在受电侧，横担与10kV线路方向垂直，用U型抱箍U18-200固定；横担水平中线距杆顶 800mm；柱式绝缘子向上垂直安装，绝缘子顶槽方向与横担垂直。

图 2-25　直线单顶单抱箍

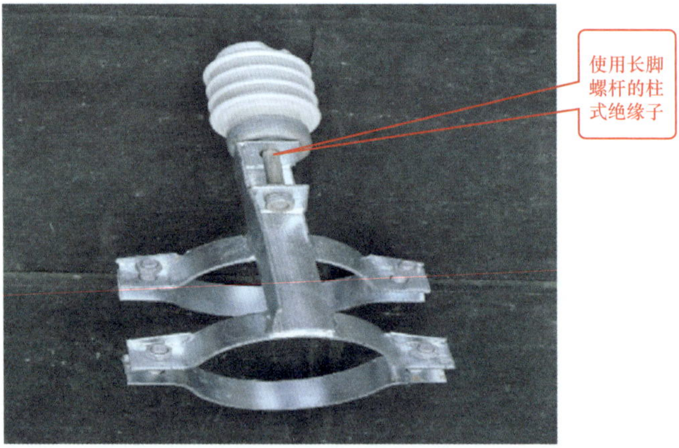

图 2-26　直线单顶双抱箍

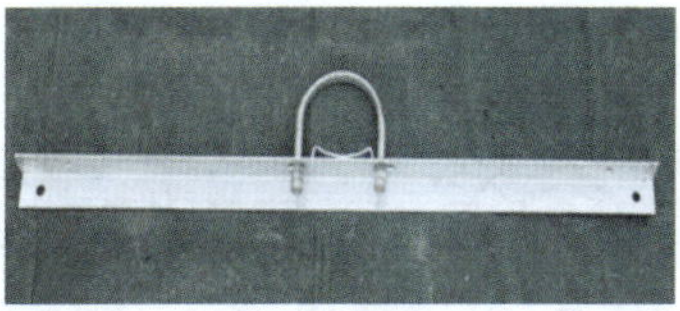

图 2-27　直线横担（一）

图 2-28　直线横担（二）

台架主杆为终端杆型时，主杆应按 10kV 终端杆耐张组装金具，设置终端拉线。其中：中相抱箍水平中线距杆顶 150mm，水平耐张横担（见图 2-29）安装方向与 10kV 线路方向垂直，耐张横担水平中线距杆顶 1050mm，距变压器双杆支持架（台架槽钢横担）5350mm；距地面 8750mm。

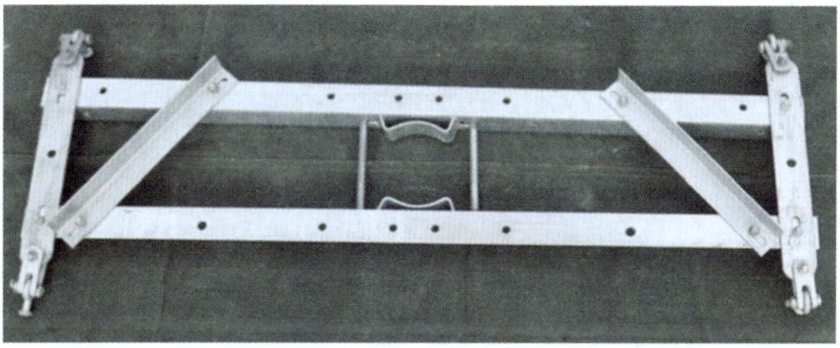

图 2-29　水平耐张横担

2）正装引线横担安装。正装引线横担（见图 2-30）安装在台架电杆背面（注：变压器高压桩侧为正面），横担与 10kV 线路方向平行，用两副横担抱箍（见图 2-31）将引线横担水平固定在台架电杆上；横担水平中线距线路直线杆横担 1400mm，距杆顶 2200mm。柱式绝缘子朝正面垂直安装，绝缘子顶槽方向与横担垂直。

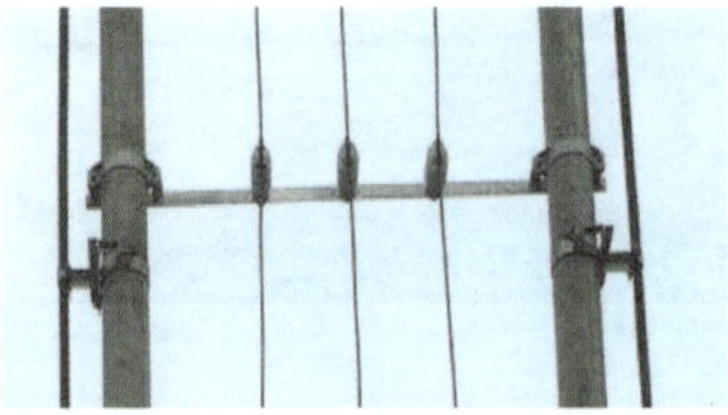

图 2-30　正装引线横担

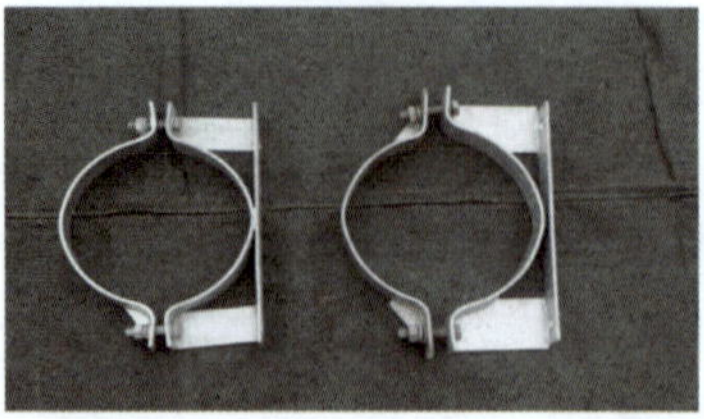

图 2-31　两副正装引线横担抱箍

3）正装熔断器横担安装。正装跌落式熔断器横担安装在台架电杆正面，横担与 10kV 线路方向平行，用 2 副横担抱箍将熔断器横担水平固定在台架电杆上；横担水平中线距引线横担 1500mm，距避雷器横担 900mm，距变压器双杆支持架（台架槽钢横担）2700mm，距地面 6100mm。横担上共安装 6 个柱式绝缘子，其中：3 个向上垂直安装，3 个向台架背面垂直安装，绝缘子顶槽方向与横担垂直。跌落式熔断器通过熔断器安装架（RJ7-170）向台架正面安装在横担上。

4）正装避雷器横担安装。正装避雷器横担安装在台架电杆背面，横担与 10kV 线路方向平行，用 2 副横担抱箍将避雷器横担水平固定在台架电杆上；横担水平中线距熔断器横担 900mm，距变压器双杆支持架（台架槽钢横担）1800mm，距地面 5200mm。3 个可装卸式避雷器向上垂直安装，3 个柱式绝缘子向台架正面垂直安装，绝缘子顶槽方向与横担垂直。

5）正装低压耐张横担安装。低压出线耐张横担分别安装在两基台架电杆上，水平耐张横担安装方向与 10kV 线路方向垂直，低压架空线路走向与 10kV 线路方向同向（或反向）；耐张横担水平中线距 10kV 线路直线杆横担 1300mm，距杆顶 2100mm。距变压器双杆支持架（台架槽钢横担）4300mm，距地面 7700mm。

6）正装横担安装注意事项。台架电杆直线杆横担、引线横担、熔断器横担、避雷器横担的安装，从上至下应平行；横担安装应平、正，横担端部上下歪斜均不应大于 20mm；横担端部左右扭斜不应大于 20mm。

（2）15m 杆型正装台架杆横担安装。

1）正装线路直线杆横担安装。直线单顶帽安装在受电侧。直线单顶单抱箍安装，抱箍水平中线距杆顶 150mm；直线单顶双抱箍安装，底边抱箍中线距杆顶 350mm。直线横担安装在受电侧，横担与 10kV 线路方向垂直，用 U 型抱箍 U18-200 固定；横担水平中线距杆顶 800mm；柱式绝缘子向上垂直安装，绝缘子顶槽方向与横担垂直。

台架主杆为终端杆型时，主杆应按 10kV 终端杆耐张组装横担金具，设置终端拉线。其中：中相抱箍水平中线距杆顶 150mm，水平耐张横担安装方向与 10kV 线路方向垂直，耐张横担水平中线距杆顶 1050mm；距变压器双杆支持架（台架槽钢横担）8050mm，距地面 11450mm。

2）正装引线横担安装。正装引线横担安装在台架电杆背面，横担与 10kV 线路方向平行，用 2 副横担抱箍将引线横担水平固定在台架电杆上。15m 杆型正装台架杆设计 2 条引线横担，第一条引线横担水平中线距线路直线杆横担 2100mm，距杆顶 2900mm；第二条引线横担水平中线距第一条引线横担 1600mm，距熔断器横担 1900mm，距变压器双杆支持架（台架槽钢横担）4600mm；柱式绝缘子朝向正面垂直安装，绝缘子顶槽方向与横担垂直。

3）正装熔断器横担安装。正装跌落式熔断器横担安装在台架电杆正面，横担与10kV线路方向平行，用两副横担抱箍将熔断器横担水平固定在台架电杆上；横担水平中线距第二条引线横担1900mm，距避雷器横担900mm，距变压器双杆支持架（台架槽钢横担）2700mm，距地面6100mm。横担上共安装6个柱式绝缘子，其中：3个向上垂直安装，3个向台架背面垂直安装，绝缘子顶槽方向与横担垂直。跌落式熔断器通过熔断器安装架（RJ7–170）向台架正面安装在横担上。

4）正装避雷器横担安装。正装避雷器横担安装在台架电杆背面，横担与10kV线路方向平行，用2副横担抱箍将避雷器横担水平固定在台架电杆上；横担水平中线距熔断器横担900mm，距变压器双杆支持架（台架槽钢横担）1800mm，距地面5200mm。3个可装卸式避雷器向上垂直安装，3个柱式绝缘子面向台架正面垂直安装，绝缘子顶槽方向与横担垂直。

5）正装低压耐张横担安装。正装低压出线耐张横担分别安装在两基台架电杆上，水平耐张横担安装方向与10kV线路方向垂直，低压架空线路走向与10kV线路方向同向（或反向）；耐张横担水平中线距10kV线路直线杆横担2100mm，距杆顶2900mm。距变压器双杆支持架（台架槽钢横担）6200mm，距地面9600mm。

6）正装横担安装注意事项。台架电杆直线杆横担、引线横担、熔断器横担、避雷器横担的安装，从上至下应平行；横担安装应平、正，横担端部上下歪斜均不应大于20mm；横担端部左右扭斜不应大于20mm。

2.5 变压器安装

▶▶ 2.5.1 侧装变压器安装

（1）变压器固定支架安装。将变压器侧装托架（见图 2–32 和图 2–33）的两块槽钢安装在变压器双杆支持架（槽钢横担）的上方，两块角钢压板安装在槽钢横担的下方，这样两条侧装托架槽钢、角钢压板在变压器双杆支持架之间形成一个“井”字框架，用双头螺栓（M16×200）按“一平一弹一螺母”方式对应固定，将变压器底座牢固固定在变压器双杆支持架上。侧装托架槽钢应根据变压器双杆支持架和变压器本体尺寸确定中心位置。

（2）变压器安装：将变压器居中摆放在变压器固定支架上，用螺栓（M16×45）将变压器本体固定槽钢与变压器侧装托架的槽钢连接，按“一平一弹一螺母”方式进行固定。安装后的变压器高压侧柱头与熔断器在同一侧。用吊车进行变压器吊装时，应避免损坏变压器高、低压接线桩头和压力释放阀。

图 2–32　变压器侧装托架安装（一）

图 2–33　变压器侧装托架安装（二）

▶▶ 2.5.2 正装变压器安装

（1）变压器安装（见图 2-34 和图 2-35）。用吊车将变压器摆放在变压器双杆支持架（槽钢横担）的中央，使变压器高压侧柱头与熔断器在同一侧。两块角钢压板安装在变压器双杆支持架（槽钢横担）的下方，与变压器本体底座槽钢用双头螺栓（M16×200）对应紧固，这样变压器底座槽钢、角钢压铁在变压器双杆支持架（槽钢横担）之间形成一个“井”字框架，按“一平一弹一螺母”方式对应固定，将变压器底座牢固固定在变压器双杆支持架上。

（2）变压器安装注意事项。用吊车进行变压器吊装时，应避免损坏变压器高、低压接线桩头和压力释放阀。

图 2-34　正装变压器安装（一）

图 2-35　正装变压器安装（二）

2.6 低压综合配电箱（JP 柜）安装

（1）无论变压器采用正装还是侧装，低压综合配电箱（JP 柜）的安装（见图 2-36）形式都是一样的，都是采用吊装固定形式，将台区低压综合配电箱（JP 柜）安装在变压器双杆支持架（槽钢横担）的正下方中央，安装时，将两块角钢压板摆放在变压器双杆支持架（槽钢横担）的上方，将柜体固定支架与固定角钢压板预留孔对应进行吊装紧固。

（2）低压综合配电箱（JP 柜）吊装固定（见图 2-37），应使用四个 M16×220 的双头螺栓，按“一平二螺母”的方式两头紧固，螺杆应与台架平面垂直，双螺母应并紧，螺母间不应有间隙，螺栓应无锈蚀，在同一平面上螺栓丝扣露出的长度应基本一致。安装时，注意 JP 柜的正反面方向，应便于低压进出线。安装后，JP 柜下沿距离地面不低于 2m。

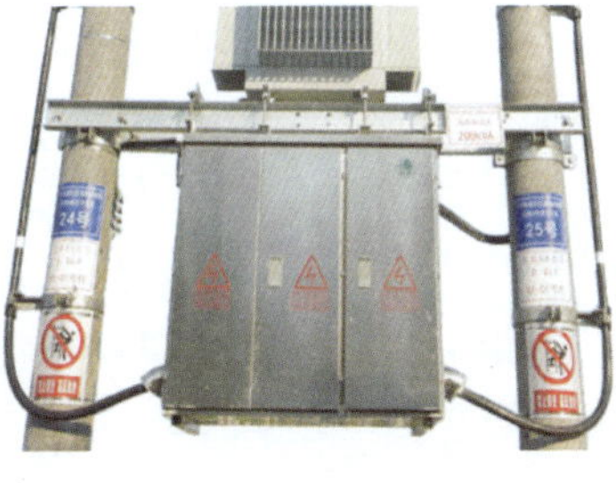

图 2-36　低压综合配电箱安装

图 2-37　低压综合配电箱吊装固定

2.7 引线安装

▶▶ 2.7.1 引线规格型号

（1）10kV 主干线至跌落式熔断器上桩头引线（跌落式熔断器上桩头以上引线）、熔断器下桩头以下引线至变压器高压桩头、避雷器上桩头引线等均采用 JKLYJ–10/70 型铝芯架空绝缘导线。

（2）避雷器接地、变压器中性点接地、变压器外壳接地和低压综合配电箱（JP 柜）外壳接地等接地引线均采用 JKLYJ–10/70 型铝芯架空绝缘导线。

（3）变压器低压综合配电箱（JP 柜）进线（变压器低压侧出线）采用 JKTRYJ–1/150 型或 JKTRYJ–1/300 型铜芯架空绝缘导线；低压综合配电箱（JP 柜）2 回低压出线采用 YJLV–4 × 150 型或 YJLV–4 × 240 型四芯铝电缆。

▶▶ 2.7.2 引线工厂化预制

（1）工厂化预制加工的种类。跌落式熔断器下桩头引线、避雷器上桩头引线和避雷器接地引线、变压器中性点接地引线、变压器外壳接地引线、低压综合配电箱（JP 柜）外壳接地引线和变压器低压引出线等 7 套引线均采用成套化引线预制加工。变压器台工厂化预制引线成品如图 2–38 所示。

（2）引线工厂化预制加工切割尺寸。使用台架式变压器引接线制作一体化平台，对引线的关键环节进行切割、剥皮、弯曲定型、压接、绑扎等预制加工，进行装配化施工，减少杆上作业时间，提升台区工艺质量和建设效率。变压器台引线工厂化预制加工尺寸表见表 2–5。

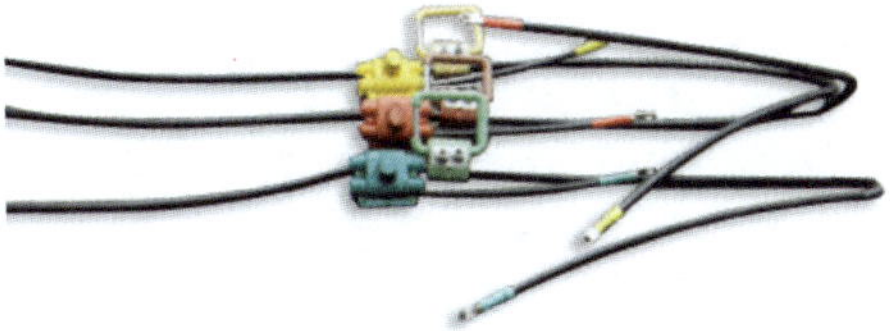

图 2–38　变压器台工厂化预制引线成品图

表 2–5　变压器台引线工厂化预制加工尺寸表

序号	引线名称	规格型号	下料尺寸（mm）	
1	跌落式熔断器下桩头引线	JKLYJ–10/70	A 相	3550
			B 相	3550
			C 相	3550
2	避雷器上桩头引线	JKLYJ–10/70	A 相	350
			B 相	350
			C 相	350
3	变压器低压引出线	JKTRYJ–1/150 或 JKTRYJ–1/300	A 相	3390
			B 相	3490
			C 相	3640
			N	3570

续表

序号	引线名称	规格型号	下料尺寸（mm）	
4	避雷器接地引线	JKLYJ–10/70	AB	1910
			BC	910
			主线	3400
5	变压器中性点接地引线	JKLYJ–10/70		4465
6	变压器外壳接地引线			2450
7	低压综合配电箱（JP 柜）外壳接地线			1350

注 加工时，应根据变压器、JP 柜中标厂家提供的尺寸，做适当调整。

▶▶ 2.7.3 引线与主线的连接

（1）10kV 引下线与 10kV 主线的连接。引线连接使用 C 型线夹，每相导线连接接头应使用两个；引下线三相连接接头方向，均应朝向电源侧，C 型线夹绝缘护罩如图 2–39 所示。C 型线夹的正、背面分别如图 2–40 和图 2–41 所示。C 型线夹连接如图 2–42 所示。

（2）引线连接位置。安装 C 型线夹时，线夹距耐张线夹或针式绝缘子应不小于 500mm，两线夹之间留 30 ~ 50mm 的间距，线夹与导线接触应紧密，安装应牢固；线夹安装后，加装绝缘护罩。变压器侧装引线连接，三相 C 型并沟线夹安装在同一位置，线夹安装整齐。变压器正装引线连接，三相 C 型并沟线夹分别安装在两台架杆之间 4 等分的中间 3 个等分位置上，三相连接接头方向，均应朝向电源侧，引线应顺直。

（3）引线在直线杆的连接。连接处应做防水弯，并使用截面

图 2-39　C 型线夹绝缘护罩

图 2-40　C 型线夹的正面

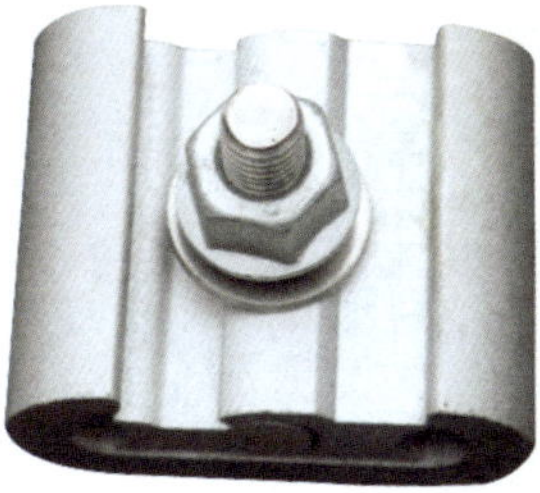

图 2-41　C 型线夹的背面

图 2-42　C 型线夹连接

不小于 $4mm^2$ 的黄、绿、红三色单股硬塑铜线对应绑扎。

（4）在终端杆做引下线时，宜使用主线尾线直接接入跌落保险上柱头，尽量减少使用 C 型线路连接，但是尾线应返回主线扎回头。C 型线夹规格 / 型号见表 2-6。

表 2-6　C 型线夹规格 / 型号

序号	C 型线夹规格 / 型号	适用导线截面（mm^2）	
		主导线	分支导线
1	JC–1L	35 ~ 50	35 ~ 50
2	JC–2L	70 ~ 95	35 ~ 95
3	JC–3L	120	35 ~ 120
4	JC–4L	150	35 ~ 150
5	JC–5L	185	35 ~ 185
6	JC–6L	240	35 ~ 240

（5）引下线在引线横担上的安装。10kV 引线在引线横担侧装柱式绝缘子上固定，应使用截面不小于 $4mm^2$ 的黄、绿、红三色单股硬铜塑线对应进行绑扎固定，绑扎时，应使用绝缘自粘带缠绕，缠绕长度应超过接触部分 30mm。导线固定应牢固、可靠；扎线绑扎应符合“前三后四双十字”的工艺标准，绝缘子底部应加装弹簧垫。导线固定在绝缘子顶槽和边槽分别如图 2-43 和图 2-44 所示。

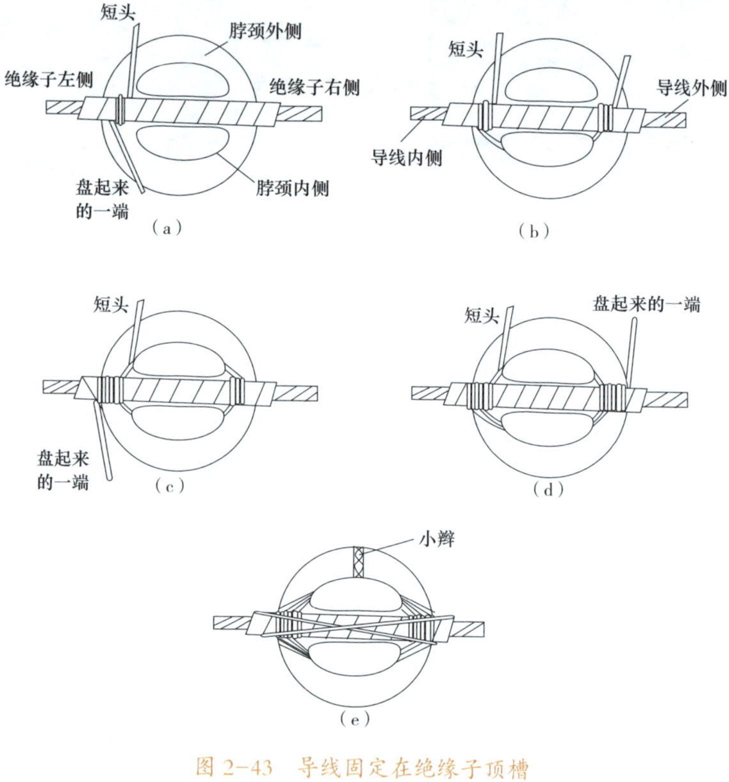

图 2-43　导线固定在绝缘子顶槽

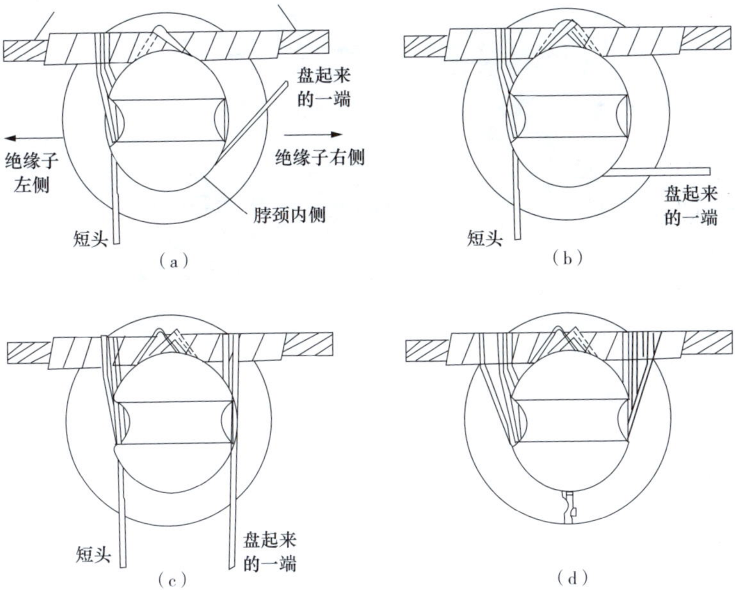

图 2–44　导线固定在绝缘子边槽

▶▶ 2.7.4　引线在跌落式熔断器横担上的安装

引线在引线横担侧装绝缘子固定后，顺直引向熔断器横担向上垂直安装的绝缘子上。在上装绝缘子上的绑扎固定分两种，一种是在上装绝缘子上扎回头；另一种是在上装绝缘子上不扎回头。扎回头从绝缘子边槽绑扎，可采用工厂化预制加工；不扎回头则从绝缘子顶槽绑扎。从上装绝缘子至熔断器上桩头之间的引线长度应不小于 750mm，应向上做弓形弯，并保证三相弧度一致。应使用截面不小于 $4mm^2$ 的黄、绿、红三色单股硬铜塑线对应进行绑扎固定，引线与熔断器上桩头的连接；应使用铜镀锡接线端子（DT–70），连接应可靠，连接后，应加装绝缘护罩。引线在跌落式熔断器横担安装实施图如图 2–45 所示。

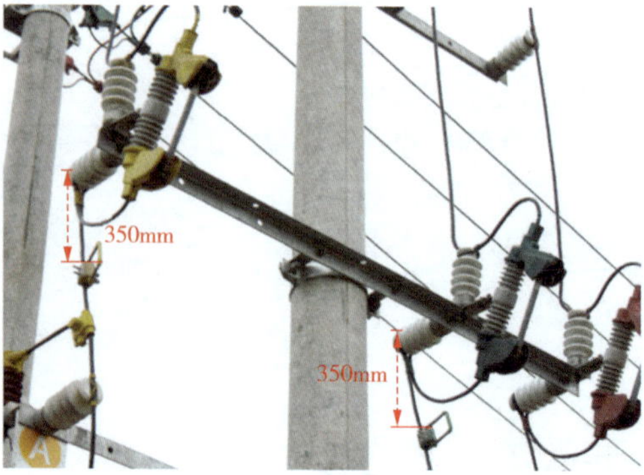

图 2-45　引线在跌落式熔断器横担安装实施图

▶▶ 2.7.5　引线在避雷器横担上的安装

1. 装配化施工

跌落式熔断器下桩头至变压器高压侧桩头的引线，应使用工厂化预制加工的成套引线，在熔断器横担的侧装绝缘子上绑扎回头，经避雷器横担侧装绝缘子顶槽绑扎固定后引至变压器高压侧桩头。

绝缘穿刺接地线夹、避雷器与引线连线（见图 2-46）的 C 型线夹（JC-2L），均应预制安装在熔断器横担至避雷器横担柱式绝缘子固定引线的连线上，接地挂环上边与熔断器上桩头的距离应大于 700mm；接地挂环在上，C 型线夹在下，两线夹之间应留 30 ~ 50mm 的间距，排列应整齐。绝缘穿刺接地线夹安装见图 2-47。

2. 引线的连接

在熔断器横担侧装绝缘子的引线回头，应连接至熔断器下桩头，引线回头长度应不小于 650mm，连接应使用 DT-70 型铜镀锡接线端子。

引线与变压器高压桩头的连接，应使用 SBT-M12 型铜镀锡设备线夹，线夹紧固后，高压桩头应对应加装黄、绿、红绝缘护罩。

图 2-46　避雷器与引线连线

图 2-47　绝缘穿刺接地线夹安装

▶▶ 2.7.6　接地引线的安装

（1）装配化施工。避雷器接地、变压器中性点接地（见图 2-48）、变压器外壳接地、低压综合配电箱（JP 柜）外壳接地等接地引线的安装，应使用台区工厂化预制加工后的成套接地引线。变台接地引线均采用 JKLYJ-10/70 型绝缘导线，按标准工艺将避雷器、变压器中性点、变压器外壳及低压综合配电箱（JP 柜）外壳等接地引线，沿变压器台高压侧电杆内侧引下汇集到接地端子排（接地汇集点见图 2-49），从上至下，按避雷器接地、变压器中性点接地、变压器外壳接地、低压综合配电箱（JP 柜）外壳接地（见图 2-50）的顺序连接在接地扁铁接线端子排上，使用 DT-70 型铜镀锡接线端子、M12 × 30 的不锈钢螺栓，按“二平一弹一螺母”紧固。

（2）避雷器接地连线的安装。应连接在避雷器横担内侧下桩头紧固螺栓内，按 AB、BC 连接，最后从 B 相汇总经横担上方、沿电杆内侧引至接地汇集点；避雷器接地不得使用三连接。

（3）接线端子外露部分，应使用黑色热缩套管热缩，不得使用黑色绝缘自粘带。

图 2-48 变压器外壳接地

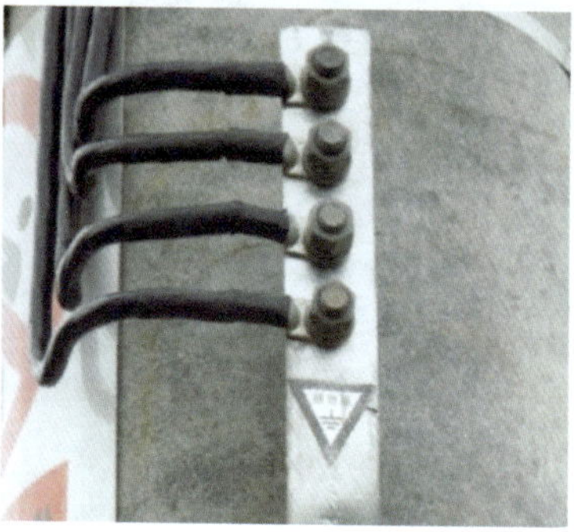

图 2-49 接地汇集点

图 2-50 低压综合配电箱外壳接地

2.8 低压进出线电缆安装

►► 2.8.1 低压进线安装

（1）低压综合配电箱（JP 柜）的进线是从变压器低压侧桩头至低压综合配电箱进线开关的一段线，通常采用四根软铜芯架空绝缘导线：200kVA 以下的变压器，采用四根 JKTRYJ–1/150 型软铜芯架空绝缘导线；200kVA 及以上的变压器，采用四根 JKTRYJ–1/300 型软铜芯架空绝缘导线。上面四根架空绝缘导线通过变压器低压出线支架，用截面不小于 6mm^2 的黄、绿、红、淡蓝四色单股硬铜塑线对应绑扎在低压出线支架的蝶式绝缘子上。综合配电箱进线安装图如图 2–51 所示。

图 2–51　综合配电箱进线安装

（2）低压综合配电箱（JP 柜）进线上端（变压器端），使用 SBT-M12 型（SBT-M20 型）铜镀锡设备线夹与变压器低压桩头连接，设备线夹紧固后，加装黄、绿、红、淡蓝四色绝缘护罩；JP 柜进线下端，使用 DT-150S 型（DT-300S 型）铜镀锡双孔接线端子与 JP 柜进线开关铜牌连接。低压进线上端，四根绝缘导线应向上制作弓形滴水弯，四线弧度应一致，排列应整齐。

（3）低压进线下端，在低压综合配电箱（JP 柜）进口处，导线在进入前应向下制作“滴水弯”，弯曲应自然，工艺应美观。架空绝缘导线通过低压综合配电箱（JP 柜）进线口时，先加绝缘保护垫层，然后再进行封堵。封堵应使用防水和防火材料的有机堵料，封堵应严实。综合配电箱进出线安装图如图 2-52。

图 2-52 综合配电箱进出线安装

▶▶ 2.8.2 低压出线安装

（1）低压出线是从低压综合配电箱（JP 柜）内的低压出线开关

至低压主干线的一段线，通常采用两回低压电缆出线。200kVA 以下的变压器，采用两根 YJLV–4×150 型铝芯电缆；200kVA 及以上的变压器，采用两根 YJLV–4×240 型铝芯电缆。12m 杆型，每回出线电缆长度 10m；15m 杆型，每回出线电缆长度 12.5m；10m 杆型，每回出线电缆长度 8m。低压出线电缆采用杆上电缆固定架（半圆抱箍、半圆横担抱箍、杆上双电缆固定架、电缆卡抱）将电缆固定在台架电杆上，敷设至低压架空主干线耐张横担处，与低压架空线采用 2 个 JC–6L 型 C 型线夹进行连接。变压器低压出线安装如图 2–53 所示，低压出线电缆固定和连接如图 2–54 和图 2–55 所示。

图 2–53　变压器低压出线安装

图 2–54　低压出线电缆固定

图 2–55　低压出线电缆连接

（2）侧装方案，两回低压出线电缆通过 DLJ5–165S 型（双）杆上电缆固定架固定在低压侧台架电杆上，杆上电缆固定架应安装在台架电杆外侧，12m 杆型配 4 个，15m 杆型配 5 个。低压出线电缆固定架（侧装）如图 2–56 所示。

图 2–56　低压出线电缆固定架（侧装）

（3）正装方案，两回低压出线电缆通过 DLJ5–165 型（单）杆上电缆固定架固定在两侧台架电杆上，杆上电缆固定架应安装在台架两电杆外侧，12m 杆型配 10 个，15m 杆型配 12 个。从下至上，第一个应安装在变压器双杆支持架（台架横担）下方，距台架横担水平中线 1100mm，距地面 2300mm。第二个应安装在变压器双杆支持架（台架横担）上方，距台架横担水平中线 700mm，距第一个杆上电缆固定架 1800mm，最上一个应安装在低压水平耐张横担的上方，距水平耐张横担约 50～100mm，其他杆上电缆固定架的安装间距应均等，间距应≤ 1.6m。低压出线电缆固定架（正装）如图 2–57 所示。

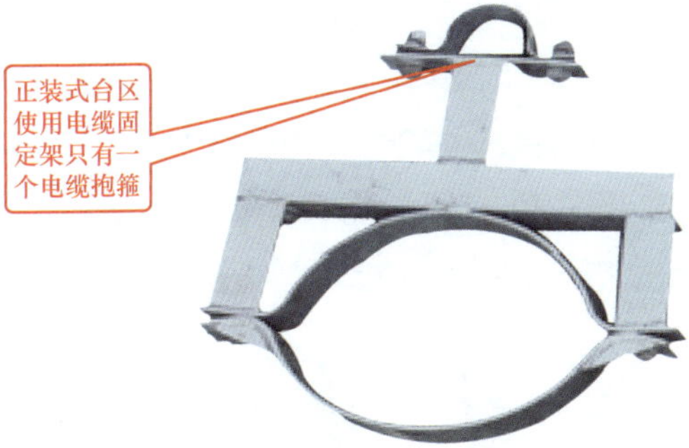

图 2–57 低压出线电缆固定架（正装）

▶▶ 2.8.3 杆上电缆固定架的安装

杆上电缆固定架应安装在台架电杆的正外侧，从下至上应成一直线，电缆在杆上电缆固定架上固定时，固定电缆的卡抱应表面平滑，电缆和电缆卡抱间要加装绝缘垫层，电缆在卡抱中固定的松紧度应适中，低压引上电缆敷设应顺直，外观整齐美观。侧装、正装杆上电缆固定架的安装工艺如图 2–58 和图 2–59 所示。

图 2–58 侧装杆上电缆固定架的安装工艺图

图 2–59 正装杆上电缆固定架的安装工艺图

（1）低压出线电缆上下两个终端头都应用低压电缆热缩终端头热缩密封，即在杆上与主线连接端应制作电缆头，在杆下接入低压综合配电箱（JP 柜）的接入端同样应制作电缆头，电缆头制作应由有资质的专业人员制作，并应吊牌和留有制作现场影像资料，工艺应符合规范。综合配电箱低压出线电缆固定架局部工艺如图 2-60 所示。

图 2-60　综合配电箱低压出线电缆固定架局部工艺图

（2）低压出线电缆下端与低压综合配电箱（JP 柜）出线开关用 DT-150S 或 DT-240S 型双孔铜镀锡接线端子连接，接线端子压接外露部分应采用长度不小于 120mm 的黄、绿、红、淡蓝四色热缩套管收缩绝缘，出线排列应整齐，安装应规范，且相序应对应，螺栓应紧固；铜接线端子空气开关的连接，应使用铜螺栓，按“一平一弹一螺母”紧固，螺栓穿向应由内向外。综合配电箱出线开关及配电箱内元件如图 2-61 所示。

（3）电缆底部进入 JP 柜（综合配电箱）应向下弯曲再向上做出滴水弯，电缆上部在低压主线上方连接时的防水弯，其弯曲弧度应不小于电缆直径的 15 倍；弯曲自然，弧度合理，线条流畅。综合配电箱内电缆接线工艺如图 2-62 所示。

（a）出线开关

（b）配电箱内元件

图 2-61　综合配电箱出线开关及其内元件

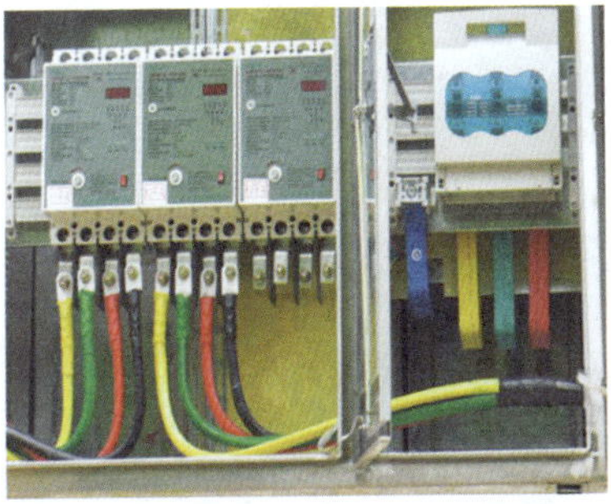

图 2-62　综合配电箱内电缆接线工艺

（4）低压出线电缆上端与低压架空三相四线的连接，电缆终端头应先向下自然弯曲做出弓形防水弯，然后再连接；连接采用 JC-6L 型 C 型并沟线夹，每相不少于 2 个；JC-6L 型 C 型并沟线夹安装位置应与耐张线夹相距 500mm，两线夹之间应留 30 ~ 50mm 的间距，连接时，应保证线夹与导线接触紧密，安装牢固。连接线头方向，应全部朝向受电侧。

低压出线电缆上端与低压主线的连接部位，也可用 JC-6L 型 C 型线夹直接连接在主线耐张线夹的尾线上，连接后，应在主线上扎回头，使 C 型线夹不受力。线夹安装后，应加装绝缘护罩。

2.9 拉线安装

（1）终端杆型变压器台架，其终端杆应设置拉线。拉线抱箍应使用标准物料，加强平面应向上，拉线抱箍应安装在耐张横担下方，距横担水平中线 100mm。制作拉线时，楔形线夹、UT 线夹套入钢绞线的方向应一致，拉线受力端应在楔形线夹、UT 线夹凸肚的直线侧，尾线均应在凸肚侧，上下线夹凸肚的朝向应一致，拉线上端楔形线夹处应留尾线长度为 200 ~ 300mm，下端 UT 线夹处应留尾线长度为 300 ~ 500mm，尾线回头应使用直径不小于 2mm 的镀锌铁丝（14 号铁丝）与拉线本线绑扎，绑扎长度为 50 ~ 80mm，尾线绑扎处应刷防锈漆。

（2）拉线与电杆的夹角应为 45°，若受地形限制，亦可小于 45° 但最小不应小于 30°，不应大于 60°，临近或穿越带电导线的拉线应加装拉线绝缘子，拉线距离临近导线的水平距离应大于 100mm。

（3）拉线棒与拉线盘应垂直，拉线盘应采用带拉环式，拉线棒露出地面部分长度应为 500 ~ 700mm，UT 线夹舌板与拉线应吻合紧密，受力后应无松滑现象，拉线制作后，UT 线夹的双螺母应并紧，紧固后外露螺杆不得小于两个螺母的丝扣，但最长不得超过螺杆螺纹长度的 1/2；2 副拉线不得共用 1 根拉线棒。

（4）高、低压线路同杆架设时，穿越低压的拉线应加装拉线绝缘子，拉线绝缘子应安装在临近或穿越最下层带电导线的下方，在拉线下端断线后，拉线处于悬垂状态时，拉线绝缘子距地面高度应在 2.5 ~ 4.0m 之间。

终端杆拉线如图 2–63 所示，拉盘与拉棒组合如图 2–64 所示，拉线抱箍材料如图 2–65 所示。

图 2–63　终端杆拉线

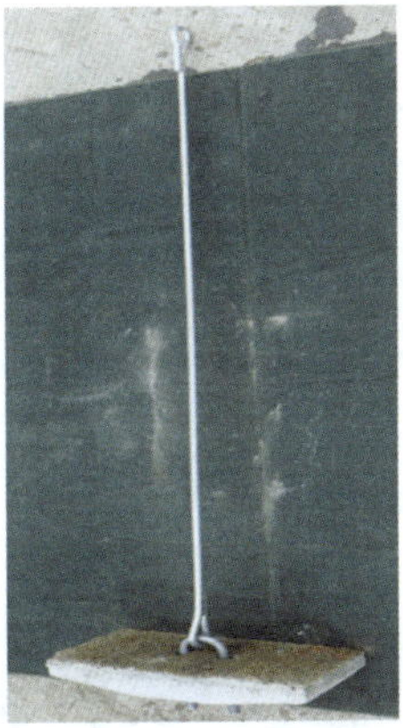

图 2–64　拉盘与拉棒组合

图 2–65　拉线抱箍

2.10 螺栓安装

（1）用螺栓连接的构件，螺杆应与构件面垂直，螺头平面与构件不应有间隙。螺栓紧固后，螺杆丝扣露出的长度：单螺母不应少于两个螺距；双螺母可与螺母相平，且还需加装平垫，每端平垫不应超过两个。电缆抱箍螺栓连接如图 2–66 所示，变压器台架螺栓连接如图 2–67 所示。单、双螺母连接如图 2–68 和图 2–69 所示。

图 2–66　电缆抱箍螺栓连接

图 2–67　变压器台架螺栓连接

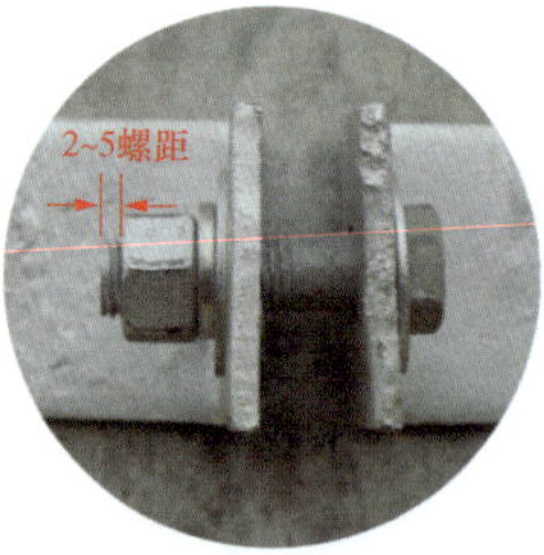

图 2–68　单螺母连接

图 2–69　双螺母连接

（2）螺栓的穿入方向应符合下列规定：

1）立体结构：水平方向由内向外；垂直方向由下向上。

2）平面结构：顺线路方向，双面构件由内向外，单面构件由送电侧穿入或按统一方向；横线路方向，两侧由内向外，中间由左向右（面向受电侧）或按统一方向；垂直方向，由下向上，浇铸式瓷棒、合成绝缘子由下向上穿入。

（3）连接金具螺栓由上向下穿入。

（4）耐张串上的弹簧销子及销钉应由上向下穿入。当有特殊困难时可由内向外或由左向右穿入；悬垂串上的弹簧销子、螺栓及销钉应向受电侧穿入。两边线路应由内向外、中线应由左向右穿入。

CHAPTER 3

3
接地装置

3.1 接地网接地

▶▶ 3.1.1 接地网沟槽基础施工

台区接地网沟槽（见图 3–1）基础施工，应沿配电变台周围挖掘深度不低于 800mm，宽度不低于 400mm，周长不小于 20m 的环形沟槽。接地网沟槽不应接近煤气管道和输水管道。

图 3–1 台区接地网沟槽

▶▶ 3.1.2 接地网敷设

接地网由水平接地体和垂直接地体组成（见图 3–2），水平接地体采用∟ 40×4 的镀锌扁铁，沿接地网沟槽底部围绕配电变台周围敷设成闭合环形，其长度不小于 25m；垂直接地体采用∠ 50×5 的镀锌角钢角桩，长度不小于 1.5m，间距不小于 3m，数量不少于 9 根。垂直接地体角桩应垂直打入，并与土壤保持良好的接触。

图 3-2　接地网由水平接地体和垂直接地体组成

▶▶ 3.1.3　接地网焊接

接地网的连接应可靠。接地网在沟槽内的水平接地体与垂直接地体之间的连接采用焊接。水平镀锌扁钢与垂直镀锌角钢的焊接（见图 3–3），应紧贴角钢的一个平面进行焊接，其扁钢的上边应与角钢上边平齐，焊接不少于三个棱边；镀锌扁钢与镀锌扁钢的焊接面不小于其宽度的两倍，焊接不少于三个棱边，如图 3–4 所示。接地体焊接部位及外侧 100mm 范围内应做做防腐处理，防腐处理前须去掉表面焊渣并除锈。

图 3–3　水平镀锌扁钢与垂直镀锌角钢的焊接

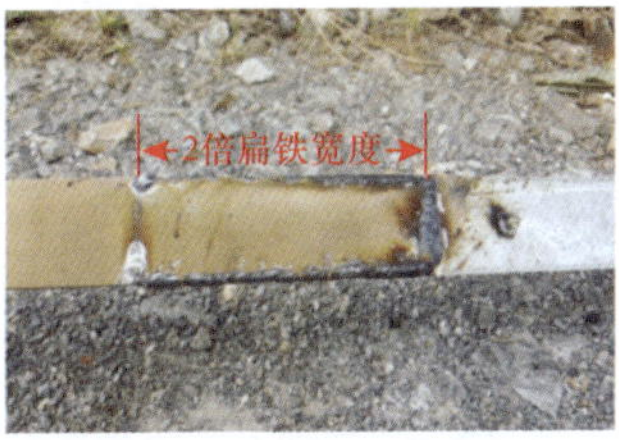

图 3–4　镀锌扁钢与镀锌扁钢的焊接

▶▶ 3.1.4　接地网沟槽回填

接地网沟槽的回填，宜选取无石块及其他杂物的泥土，并应夯实。在回填后的沟面应有防沉土台，其高度宜为 100 ~ 300mm。

3.2 垂直接地极接地

（1）垂直接地极安装。垂直接地极接地是采用铜镀钢接地棒单点钻深 18m，串联 15 根铜镀钢接地棒来实现设备接地，铜镀钢接地极采用高强度硅铜连接器（连接管）连接，连接管内应加防腐导电膏。铜镀钢接地棒规格：直径 14.2mm，长度 1.2m，铜层厚度大于或等于 0.254mm，使用寿命 30 年以上。

（2）垂直接地极焊接。铜镀钢接地棒直接与主网连接，其连

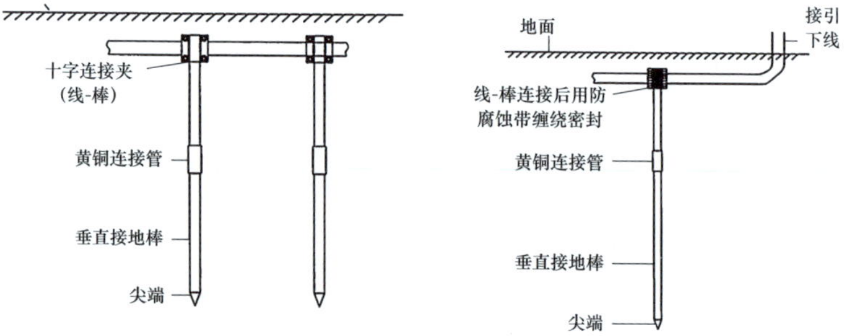

材料表

序号	名称	规格	单位	数量	重量(kg)	备注
1	镀铜接地棒	ϕ14.2×1.2m	根	15		
2	镀铜圆钢	ϕ10	m	18		根据现场实际情况配置
3	扁钢	-40m×4m	套	1	8.14	接地扁钢引上
	螺栓(不锈钢)	M12×30	件	4	0.24	
		M14×30	件	2	0.2	
	不锈钢扎带(自锁)	16×1300	条	4		

镀铜接地棒配置表

序号	名称	型号规格	数量	单位	备注
1	驱动头	Ha_q_16	1（土壤电阻率为10–200Ω·m时） 2（土壤电阻率为200–600Ω·m时） 3（土壤电阻率为600–1000Ω·m时）	个	
2	连接管	Ha_l_16	11（土壤电阻率为10–200Ω·m时） 14（土壤电阻率为200–600Ω·m时） 18（土壤电阻率为600–1000Ω·m时）	个	
3	镀铜垂直接地极	Ha_e_16	12（土壤电阻率为10–200Ω·m时） 16（土壤电阻率为200–600Ω·m时） 21（土壤电阻率为600–1000Ω·m时）	根	
4	尖端	Ha_j_16	1（土壤电阻率为10–200Ω·m时） 2（土壤电阻率为200–600Ω·m时） 3（土壤电阻率为600–1000Ω·m时）	个	

图 3–5　垂直接地极接地示意图及相关材料规格

接均采用放热焊接方式。与设备连接可用螺栓并加弹簧垫。

（3）垂直接地极适用范围。垂直接地极接地适用于城镇、街道、公路等施工场地受限制及自然腐蚀性较高地段的杆塔及设备的接地。垂直接地极接地示意图及相关材料规格如图 3–5 所示。

要求接地电阻值，在干燥时，实测接地电阻不应大于下列数值：变压器容量在 100kVA 以下者，接地电阻≤ 10Ω，变压器容量大于 100kVA 及以上者，接地电阻≤ 4Ω。

3.3 接地电阻的测量

（1）接地网地下部分敷设完毕后，应进行接地电阻值的测量。

（2）变台接地电阻，容量为 100kVA 以下的变压器，接地电阻应≤ 10Ω，容量为 100kVA 及以上的变压器，接地电阻应≤ 4Ω。

（3）当接地电阻达不到要求时，应采取延伸水平接体长度、增加垂直接地体数量和施加降阻剂等措施，直到满足上述接地电阻阻值的要求为止。

3.4 接地引线安装

（1）接地网引上扁铁安装。接地网引出地面的接地部分应采用镀锌扁铁（见图 3–6），采用工厂化预制加工，施工现场安装。在镀锌扁铁上端制作接地汇流排，下端在高出地面 500mm 处应设接地断接卡（见图 3–7），接地汇流排和断接卡均采用 45° 角弯制，折弯后应形成 40 mm 的高差，断接卡上下两段重叠长度为 110mm，其中冲压两个直径为 ϕ16 的圆孔，使用两个 M14×30 的镀锌螺栓固定。螺栓穿向由里向外，螺栓采用"二平一弹一螺母"方式紧固。接地汇集点和断接卡部位不得刷漆。

接地引上扁铁沿电杆内侧敷设，露出地面的长度不低于 3000mm，不大于 3400mm（不超过变压器台架下沿），埋入地下的长度不应小于 800mm，下端入地与接地网采用焊接连接。接地网引上镀锌扁铁地面以上部分应刷 100mm 黄绿相间的标志漆，可倾斜 45° ，也可平行。接地汇集点和断接卡部位不得刷漆。接地引上扁铁尺寸如图 3–8 所示。

（2）接地引下线与接地网的连接。

1）接地引下线应敷设于避雷器安装杆内侧，接地引下线应紧贴杆身，并用 4 根带自锁不锈钢扎带绑扎固定。

2）变压器台避雷器、变压器中性点、变压器外壳及低压综合配电箱外壳等四条接地引下线，集中汇集到变压器双杆支持架（台架槽钢横担）下方，沿电杆内侧与接地汇流排连接，按照从上至

图 3-6　接地引上扁铁

图 3-7　接地断接卡

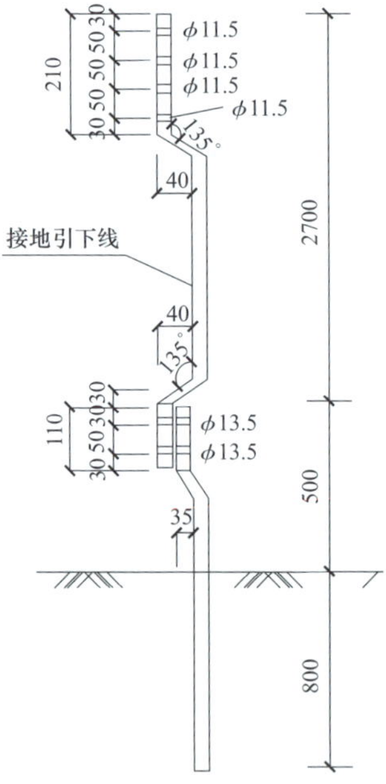

图 3-8　接地引上扁铁尺寸

下的顺序，依次是避雷器接地、变压器中性点接地、变压器外壳接地和低压综合配电箱外壳接地。连接采用 M12×30 的镀锌螺栓（或不锈钢螺栓），螺栓穿向由里向外，按“二平一弹一螺母”方式紧固。

CHAPTER 4

4
台区标识标牌

4.1 名称标识

（1）台区命名牌尺寸：高 260mm× 宽 320mm，厚 1.2mm。制作采用铝合金板，材质应柔软、韧性好、不断裂、不变色，标识牌应具有防水、防腐、耐火功能；台区名称牌标识应为白底、红字（黑体字）、红框边，字号根据标识牌尺寸、字数调整。台区命牌参数见表 4-1，台区命名牌制作版式如图 4-1 所示。

表 4-1　台区命名牌参数表

型号	参数（mm）
A	260
B	320
A_1	240
B_1	300
A_2	170

（2）台区名称牌应安装在变压器台架正面（人口相对密集或人员行走几率多的一面）右侧的变压器双杆支持架（台架槽钢横担）上（见图 4-2），台区名称牌正面朝外，上沿与变压器双杆支持架（台架槽钢横担）上沿对齐，左边与 JP 柜靠近，采用固定支架固定。台区命名牌安装位置及安装工艺如图 4-2 所示。

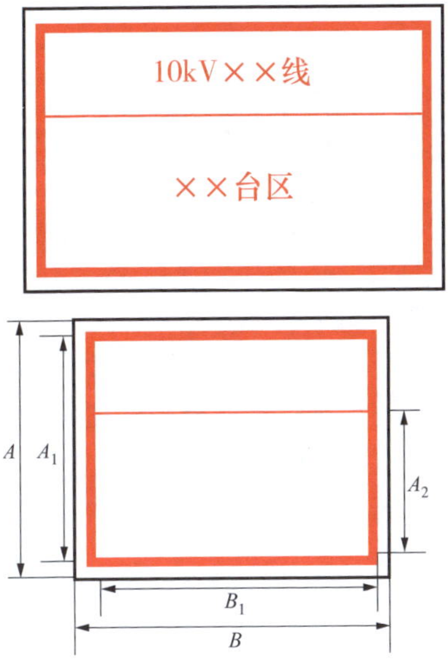

图 4-1　台区命名牌制作版式

图 4-2　台区命名牌安装位置及安装工艺

4.2 杆塔标识

▶▶ 4.2.1 电杆埋深标识

（1）台架电杆应选用 12m 或 15m 非预应力混凝土水泥电杆，电杆上应有清晰的 3m 埋深标示线（见图 4–3）。

（2）电杆组立前，应核实 3m 埋深标示线，并用红漆将埋深标示线的印痕填实，以便确定电杆应埋深高度。

图 4–3 电杆埋深标示线

▶▶ 4.2.2 杆号牌安装

（1）高、低压杆号牌尺寸：高 260mm × 宽 320mm，厚 0.8mm。采用铝合金板制作，推荐采用热转印打印粘贴、腐蚀、丝网印刷工艺，不允许采用搪瓷牌。标识牌四边打孔用宽 10mm，长不低于 1200mm 的不锈钢闭锁式扎带穿过。标识牌应柔软、韧性好、不断裂、不变色，并具有防水、防腐、耐候功能。

（2）高、低压杆号牌颜色。高、低压共杆架设的台架杆，应悬挂异色杆号牌，即高、低压杆号牌应使用不同的底色加以区分。高压杆号牌一律选用蓝底、白字、白边框；低压杆号牌优先选用白底、红字、红边框，其次可选用绿底、白字、白边框。杆号牌应粘贴在台架正面的电杆上，使用不锈钢扎带固定。如图 4–4 所示，高压杆号牌为蓝底，低压杆号牌为白底。

图 4–4　高低压蓝白底配套杆号牌

（3）高、低压杆号牌安装。双杆式变台高、低压杆号牌应安装在变压器台架槽钢上方的两侧电杆上，并朝向变台正面一侧；变台高、低压杆号牌采用上下排列，中间不留缝隙或留 10mm ~ 20mm 的间隙。低压杆号牌应安装在紧挨变压器台架槽钢上方处，若紧挨台架槽钢有杆上电缆固定架，则安装在紧挨电缆固定架上方处。高压杆号牌应安装在低压杆号牌正上方。双杆式变台高、低压杆号牌安装后，高压杆号牌与高压杆号牌、低压杆号牌与低压杆号牌，两边应对称。杆号牌参数见表 4–2 所示。高低压杆号牌安装如图 4–5 所示。杆号牌制作如图 4–6 所示。

表 4–2　杆号牌参数表

型号	参数（mm）
A	260
B	320
A_1	240
B_1	300
A_2	170

图 4–5　高低压杆号牌安装图

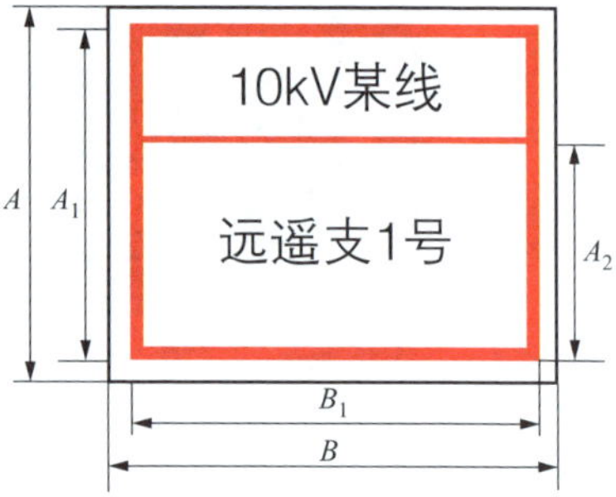

图 4–6　杆号牌制作

4.3 警示标识

（1）台区警示标识。

1）“禁止攀登，高压危险”警示标识，应安装在配电变压器台架正面两侧电杆上（见图 4-7），变压器台警示牌具体悬挂在变压器台架横担抱箍下沿 150mm，用不锈钢扎带固定。

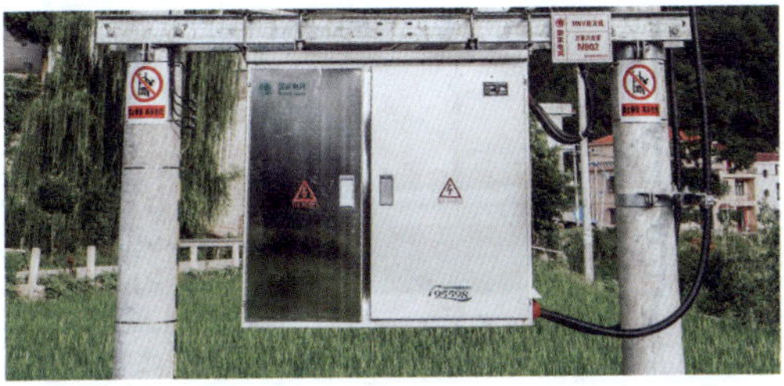

图 4-7 变压器台警示牌安装

2）警示牌尺寸为高 300mm × 宽 240mm，厚 0.8mm。长方形白底，红色圆形斜杠，黑色禁止标识符号，辅助标志红底黑字（黑体字）。两侧各打两个方形孔，用扎带固定。警示牌参数见表 4-3。警示牌制作如图 4-8 所示。

表 4-3 警示牌参数表

种类	参数			
	A	B	D（B_1）	A_1
甲	500	400	305	115

续表

种类	参数			
	A	B	D（B_1）	A_1
乙	400	320	244	92
丙	300	240	183	69
丁	200	160	122	46

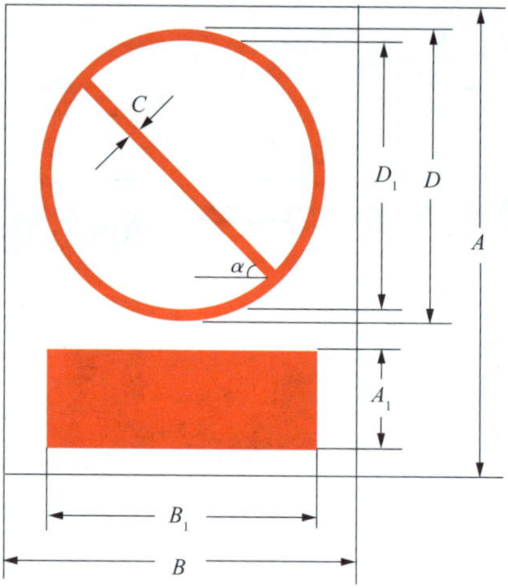

图 4-8　警示牌制作

（2）杆塔警示标识。

1）在公路沿线的杆塔，容易被车辆碰撞时，应粘贴防撞标识或喷涂反光涂料防撞标识。

2）应在杆根部距地面 300mm（设置防沉台时距地面 500mm）以上面向公路侧沿杆塔一周粘贴警示板或喷涂警示标识（见图 4-9），警示板或喷涂标识为黄黑相间，黄 3 格黑 3 格，格高 200mm，警示标识总高为 1200mm（见图 4-10）。

图 4-9　各路边电杆防撞标识

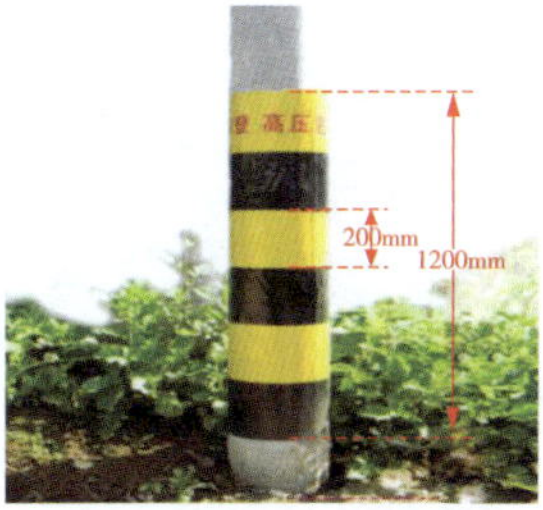

图 4-10　电杆防撞标识尺寸

（3）拉线防撞护管。

1）城区或村镇的 10kV 及以下架空线路的拉线，应根据实际情况配置拉线防撞护管，拉线防撞护管应使用反光漆刷成黄黑相间的警示标识，黄黑相间色带高为 200mm。

2）拉线防撞护管应紧贴地面安装（见图 4-11），顶部距离地面垂直距离不得小于 2m。

图 4-11　拉线防撞护管安装

4.4 相序标识

▶▶ 4.4.1 高压相序标识

（1）高压相序牌尺寸：高 260 × 宽 200mm，厚 1.2mm。制作采用铝合金板，材质应柔软、韧性好、不断裂、不变色，标识牌应具有防水、防腐、耐候功能。

（2）相序牌标识为白底、白字（黑体字），在高的下方 200mm × 200mm 平面中间画出直径为 ϕ 160mm 的实心圆，实心圆底色分别为黄、绿、红等 3 种颜色，在实心圆中对应标出 A 、B 、C 等 3 个白色英文字母（黑体字），在高的上方 60mm × 200mm 平面中间打一个直径 ϕ 为 22.5mm 的圆孔，以便用螺栓固定。

（3）变压器台高压相序牌安装不少于两组，一组应安装在终端杆中相抱箍和水平耐张横担或引线横担上，另一组应安装在变压器台熔断器横担或避雷器横担上，相序为面向负荷侧从左侧起按 A、B、C 相序排列，对应安装，用螺栓固定。10kV 线路相序牌安装如图 4-12 所示。

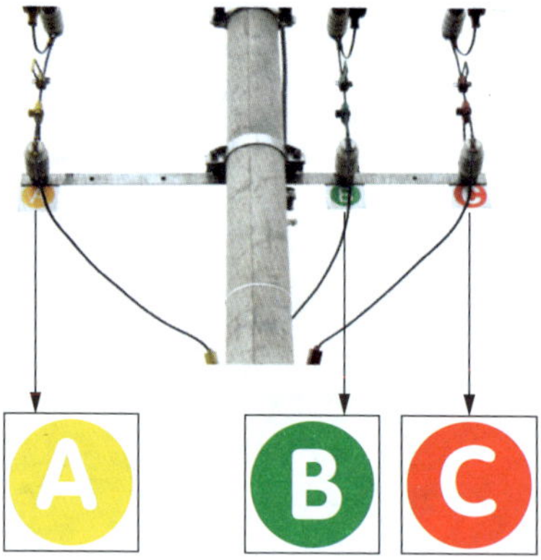

图 4-12　10kV 线路相序牌安装

▶▶ 4.4.2 低压相序标识

（1）低压相序牌尺寸：高 260mm × 宽 200mm，厚 1.2mm。制作采用铝合金板，材质应柔软、韧性好、不断裂、不变色，标识牌应具有防水、防腐、耐火功能。

（2）相序牌标识为白底、白字（黑体字），在高的下方 200mm × 200mm 平面中间画出直径为 ϕ160mm 的实心圆，实心圆底色分别为黄、绿、红、淡蓝等 4 种颜色，在实心圆中对应标出 A 、B 、C、N 等 4 个白色英文字母（黑体字），在高的上方 60mm × 200mm 平面中间打一个直径 ϕ 为 22.5mm 的圆孔，以便用螺栓固定。

（3）变台低压相序牌安装不少于 2 组，低压相序牌应安装在变压器台低压出线杆水平耐张的两侧横担上，相序为面向负荷侧从左侧起按 A、N、B、C 相排列（见图 4-13 和图 4-14），对应安装，用螺栓固定。

图 4-13　低压出线杆相序牌安装　图 4-14　低压终端杆相序牌安装

4.5 接地标识

▶▶ 4.5.1 扁铁刷漆标识

外露接地扁铁应刷黄绿相间的标志漆，每一间隔色高 100mm，相互可倾斜 45°，也可平行。接地端子排和断接卡部位不得刷漆。

▶▶ 4.5.2 接地端接地标识（见图 4-15 和图 4-16）

图 4-15 接地端子标识

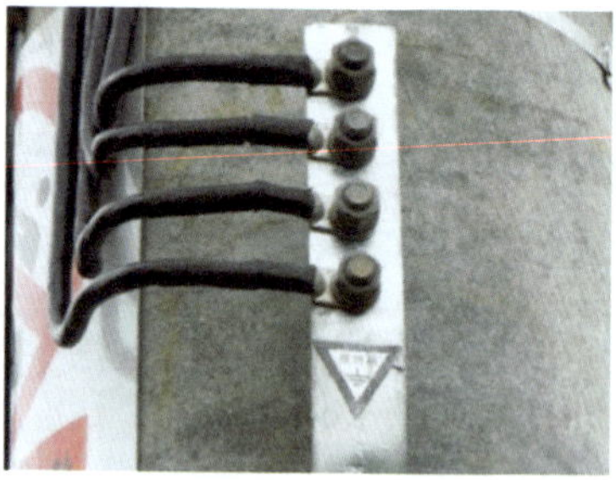

图 4-16 变压器台接地汇集点标识

4.6 电缆吊牌和综合配电箱出线回路标识

在 JP 柜内，电缆进出线均应做电缆终端头；电缆进出线通过 JP 柜进出线口，均应加绝缘保护垫层后再进行封堵；每回馈线均应铭牌标识（见图 4–17）。综合配电箱出线标识牌安装在出线开关本体下方，标识牌规格为 80mm × 150mm，标识牌应在其长边两端打孔，采用塑料扎带、细绳等非导磁金属材料牢固固定。

图 4–17　电缆铭牌标识

CHAPTER 5

5
户表安装

5.1 低压接（进）户线

从低压架空线路到用户室外最后一个支撑点范围内的线路，或者到所有分接箱（分接头）的线路称为接户线。在人口密集的城市和有特殊要求的场所，接户线宜采用电缆方式，接户线不宜跨越主要街道。

由接户线（含分接箱、分接头）T 接或接户线不开断接到用户计量装置的一段导线，称为进户线。进户线采用低压电缆或硬管布线方式，其长度一般不宜超过 6m，最长不得超过 10m。居民住宅楼需要安装多个照明电能表时，一个单元只允许一个进户点。

接户线绑扎工艺如图 5-1 所示，绝缘进户线安装工艺如图 5-2 所示。

图 5-1　接户线绑扎工艺

图 5-2　绝缘进户线安装工艺

▶▶ 5.1.1 接（进）户线改造技术原则

单根电杆接户线不超过三回路，同一方向不超过两回路，接户线横担不超过两根；一户单相户原则上采用架空绝缘导线接户，一户三相户可采用架空绝缘导线或者电缆接户；单回路接户带多户时，采用架空绝缘导线接户至墙支架，墙支架后段可采用电缆或绝缘导线进户；单回路接户带多户时，城镇地区应采用集中表箱，乡村地区条件允许可采用集中表箱。单表接（进）户方式如图 5-3 所示。单双表位表箱如图 5-4 所示。

图 5-3 单表接（进）户方式

图 5-4 单表和双表位表箱

▶▶ 5.1.2 接（进）户线安装要求

（1）接户线档距不应大于 25m（见图 5-5），中间不应有接头，超过 25m 时，应加装接户杆。沿墙敷设的接户线两支持点间的距离不应大于 6m，采用集束导线超过 6m 时，应在两侧加装耐张线夹。接户线受电端的对地面垂直距离，不应小于 2.7m。

（2）接户线的相线和中性线应从同一基电杆引下，一根引线横担不宜超过两个用户，接户线横担与架空线横担的最小距离为 0.5m（见图 5-6）。

图 5-5　接户线档距示意图

图 5-6　接户线横担与架空线横担距离

（3）不同金属、不同规格的接户线，不应在同一档距内连接；接户线与线路导线若为铜铝连接，应有可靠的铜铝过渡措施；跨越通车街道的接户线，不应有接头。

（4）由两个不同电源引入的接户线不能同杆架设。

（5）低压接户线不允许从配电变台架上引接，不应从高压引下线间穿过，严禁跨越铁路。

（6）低压接户线与同杆上的低压接户线交叉、接近时的最小净空距离不应小于 0.1m。不能满足时应套上绝缘管。

（7）在低压线路接入单相负荷，应考虑线路电流平衡分配。现场查勘时，应确定单相接户线节点的线路具体相别。

（8）居民住宅楼需要安装多只照明电能电表箱时，一个单元只允许一个进户点。

（9）强雷区的下户杆横担应接地。

（10）接户杆拉线不应打在墙体上，无选择时要进行拉力计算。接户线跨越的安全距离见表 5–1。

表 5–1　接户线跨越的安全距离

序号	与接户线有关的安全距离名称	类型	最小垂直距离（m）
1	跨越街道的接户线，至路面中心的垂直距离，不应小于右边数值	通车街道	6
		通车困难的街道、人行道	3.5
		不通车的人行道、胡同（里、弄、巷）	3
2	低压接户线与建筑物有关部分的距离，不应小于右边数值	接户线与下方窗户的垂直距离	0.3
		接户线与上方阳台或窗户的垂直距离	0.8
		与阳台或窗户的水平距离	0.75
		与墙壁、构架的距离	0.05
3	低压接户线与弱电线路的交叉距离，不应小于右边数值	低压接户线在弱电线路的上方	0.6
		低压接户线在弱电线路的下方	0.3

▶▶ 5.1.3 绝缘导线接户方式

自电杆引下的接户线，两端均应固定在绝缘子上，并使用C型线夹与主线连接，C型线夹、蝶式绝缘子等根据导线截面进行调整。进户线与接户线也必须使用C型线夹连接。在绝缘子上固定时接户线不得本身缠绕，应使用直径不小于2.5mm^{2}的单股塑铜线绑扎，其绑扎长度应符合表5-2的规定。

表5-2 塑铜线绑扎规定

导线截面（mm^2）	使用扎线参考截面（mm^2）	绑扎长度（mm）
10以下	BV-2.5	≥50
16以下		≥80
25~50		≥120
70~95	BV-4	≥200
120	BV-6	≥200

安装在建筑物上的接户线支架必须固定在建筑物的主体墙上，不应固定在建筑物的抹灰层或木架结构房屋的板壁上。接户线支架应端正牢固，支架两端水平差不应大于5mm，且铁件均需热镀锌。可采用穿透墙的螺栓固定，内端应有垫铁，混凝土结构的墙壁可使用膨胀螺栓，禁止用木塞固定。

接户线进户部分在绝缘子绑扎处做朝上滴水弯，下端作朝下滴水弯。接户线与主杆绝缘线连接处应进行绝缘密封处理，接户线与线路导线若为铜铝连接，应有可靠的铜铝过渡措施。

进户部分绝缘导线采用穿入硬管布线方式，其长度按实际需求配置，管口与接户线第一支持点的垂直距离在0.5m以内，金属管或塑料管在室外进线口应做防水弯头，弯头或管口应向下；穿墙硬管的安装应内高外低，以免雨水灌入，硬管露出墙部分不应小于 30mm；穿管的绝缘导线总截面面积（包括外护层）不应超过管内截面面积的 40%，导线在管内不准有接头。

▶▶ 5.1.4 电缆悬挂接户方式

当采用电缆线路架空敷设方式时，应满足如下要求：

须另设电缆吊线，两端高差不大时，利用挂钩将电缆吊挂在吊线下方，当两端水平角度大于 30°，且电缆截面不大时，用 $2.5mm^2$ 的单股塑铜线绑扎固定电缆。

吊线一般采用镀锌钢绞线，根据所挂敷电缆规格计算单位重量进行选择，建议选型详见表 5-3。电缆接户方式示意图如图 5-7 所示。

接户线受电端的对地面垂直距离，不应小于 2.7m。

表 5-3　吊线用镀锌钢绞线建议选型表

电缆类型	电缆导体及截面（mm^2）	钢绞线及截面（mm^2）
铝电缆	铝电缆 4 芯 120 以下	GJ-25
	铝电缆 4 芯 120～240	GJ-35
铜电缆	铜电缆 4 芯 50 以下	GJ-25
	铜电缆 4 芯 50～95	GJ-35
	铜电缆 4 芯 120、150、185	GJ-50

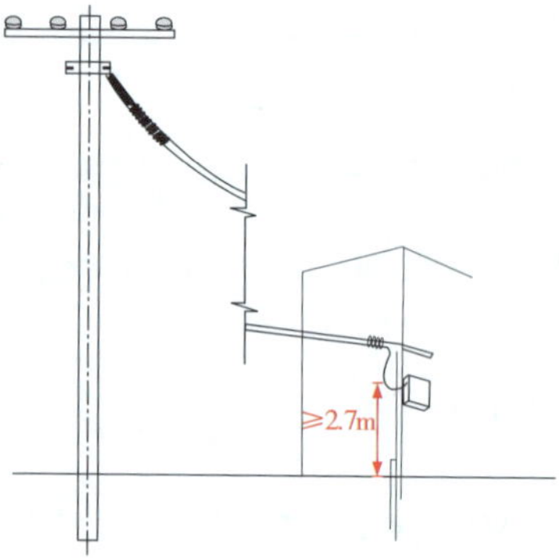

图 5–7　电缆接户方式

接户线用塑料线卡子固定在墙上，卡间距离不大于 1m，穿墙入户部分安装时，套管应该内高外低。电缆进户线墙担支架安装工艺如图 5–8 所示。电缆进户线表计进线安装工艺如图 5–9 所示。

图 5–8　电缆进户线墙担支架安装工艺

图 5–9　电缆进户线表计进线安装工艺

5.2 表箱、电能表

▶▶ 5.2.1 表箱安装

选用和安装计量箱应按以下要求。

（1）计量点分散设置的宜选配单体计量箱。

（2）计量点集中设置的宜选配整体组合计量箱。

（3）单体电能计量箱下沿距地面不低于 1.8m，不高于 2.0m（见图 5-10）。

（4）安装在地下建筑（如车库、人防工程等）时，整体组合计量箱下沿距安装处地面不宜低于 1.0m。

（5）若采用金属箱体时应满足相关的保护接地要求。

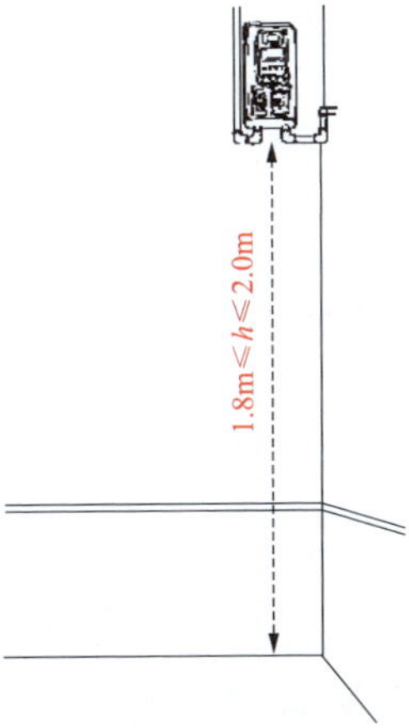

图 5-10　表箱安装尺寸示意图

（6）装在电能表箱内的开关、熔断器等设备应垂直安装，上端接电源，下端接负荷。相序应一致，从左侧起排列相序为：单相用户为 A（B、C）、O、三相用户为 A、B、C、O。

（7）表箱应垂直安装，不得倾斜，表箱与墙体的固定点不少于三个，且表箱的固定螺栓应装在表箱内。

▶▶ 5.2.2 电能表安装

（1）电能表安装必须牢固垂直，每只表除挂表螺丝外，至少有一只定位螺丝，使表中性线向各方的倾斜不大于 1°。

（2）电能表后应装设有明显断开点的控制电器、过流保护装置。每户应装设末级剩余电流动作保护器，漏电保护装置动作电流不大于 30mA，动作时间不大于 0.1s，安装后检测动作可靠。

（3）带 TA 电能表互感器二次回路的连接导线应采用铜质单芯绝缘线，对电流二次回路，连接导线截面积应按电流互感器的额定二次负荷计算确定，至少应不小于 $4mm^2$。对电压二次回路，连接导线截面积应按允许的电压降计算确定，至少应不小于 $2.5mm^2$。

（4）电流互感器二次回路每个接线端子最多只允许接入两根同截面导线。

（5）当导线接入的端子是接触螺钉，应根据螺钉的直径将导线的末端弯成一个环，其弯曲方向应与螺钉旋入方向相同，螺钉（或螺帽）与导线间、导线与导线间应加垫圈。

（6）直接接入式电能表采用多股绝缘导线，应按表计容量选择。

（7）电能表电源进线且不得有破口或裸露部分，进表线导体裸露部分必须全部插入接线盒内，并将端纽螺丝逐个拧紧。遇若选择的导线过粗时，可采用断股后再接入电能表端钮盒的方式；线小孔大时，应采取有效的补救措施。

（8）资产条形码粘贴于电能表正面适当位置，客户唯一识别号粘贴于表箱正面。

附 录

附录 A　10kV 柱上变压器台侧装 12m 双杆典型设计方案（见图 A-1、表 A-1）

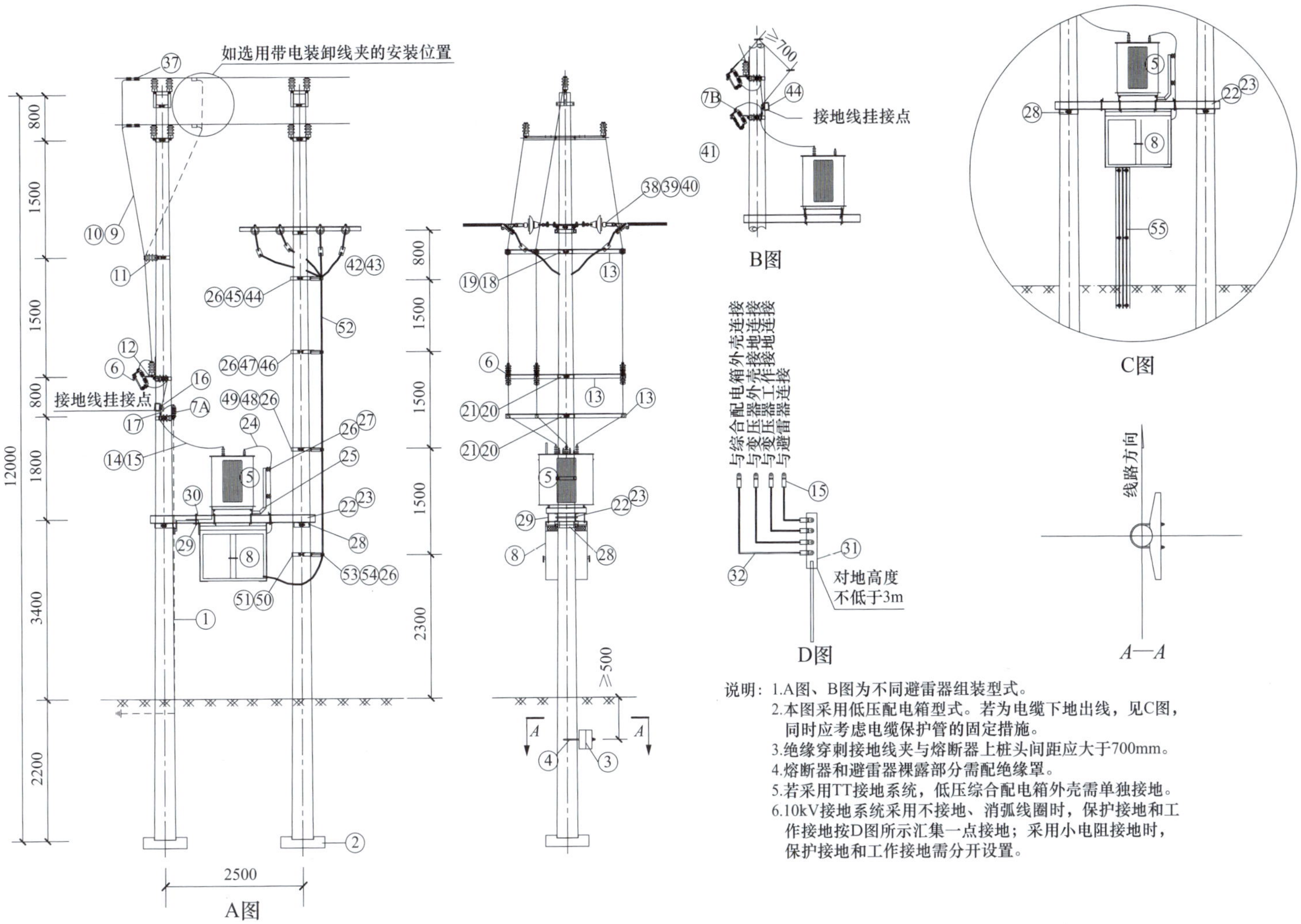

说明：1.A图、B图为不同避雷器组装型式。
2.本图采用低压配电箱型式。若为电缆下地出线，见C图，同时应考虑电缆保护管的固定措施。
3.绝缘穿刺接地线夹与熔断器上桩头间距应大于700mm。
4.熔断器和避雷器裸露部分需配绝缘罩。
5.若采用TT接地系统，低压综合配电箱外壳需单独接地。
6.10kV接地系统采用不接地、消弧线圈时，保护接地和工作接地按D图所示汇集一点接地；采用小电阻接地时，保护接地和工作接地需分开设置。

图 A-1　柱上变压器杆型图（12m 双杆）（ZA-1-CX-D1-02-02）

表A-1　物料清单（12m双杆）（ZA-1-CX-D1-03-02）

材料类别	编号	名称	型号	单位	数量	图纸编号	物料编码	备注
电杆类	①	电杆	190mm×12m×M	根	2		500013972	
	②	底盘	DP-6	块	2			可选
	③	卡盘	KP12	块	2		500027391	可选
	④	卡盘U型抱箍	U20	只	2	TJ-ZJ-07		可选
设备类	⑤	变压器		台	1			按实际情况选用
	⑥	跌落式熔断器	100A	只	3		500007914	熔丝按变压器容量配置；可选封闭型；带绝缘罩
	⑦A	普通避雷器	HY5WS5-17/50	台	3		500027151	A图，配绝缘罩
	⑦B	可装卸式避雷器	HY5WS-17/50	台	3		500027151	B图，配绝缘罩
JP柜类	⑧	低压综合配电箱		台	1			按实际情况选用
成套附件类	⑨	高压绝缘线	JKLYJ-10/50	m	16		500014672	熔断器前使用
	⑩	接线端子	DT-50，铜镀锡	个	3			
	⑪	柱式绝缘子	R5ET105L	只	12			
	⑫	熔断器安装架	RJ7-170	块	3	TJ-ZJ-01	500019880	
	⑬	横担	HD7-2300	块	3	TJ-HD-03	500126951	
	⑭	高压绝缘线	JKTRYJ-10/35	m	6		500065813	熔断器后使用
	⑮	接线端子	DT-35	只	21			
	⑯	绝缘穿刺接地线夹		副	3		500032474	并沟线夹可选
	⑰	绝缘压接线夹	LH11-10/35	副	3			弹射楔型、螺栓J、C型线夹可选
	⑱	横担抱箍	HBG6-240	块	1	TJ-BG-04	500018892	
	⑲	抱箍	BG6-240	块	1	TJ-BG-02	500018831	
	⑳	横担抱箍	HBG6-260	块	2	TJ-BG-04	500019099	
	㉑	抱箍	BG6-260	块	2	TJ-BG-02	500019005	
	㉒	变压器双杆支持架	[14-3000	副	1	TJ-ZJ-03	500035224	
	㉓	双头螺杆	M20×400	根	4	TJ-QT-01	500013166	配双螺母垫片
	㉔A	低压绝缘线（可选）	JKTRYJ-1/300	m	15		500065814	200kVA及以上配电变压器使用
	㉔B	低压绝缘线（可选）	JKTRYJ-1/150	m	15		500065823	200kVA以下配电变压器用
	㉔C	低压电缆（可选）	ZC-YJV-0.6/1kV-1×300	m	15			200kVA及以上配电变压器使用
	㉔D	低压电缆（可选）	ZC-YJV-0.6/1kV-1×150	m	15		500113168	200kVA以下配电变压器使用
	㉔E	低压电缆（可选）	ZC-EFR-0.6/1kV-300	m	15			200kVA及以上配电变压器使用
	㉕	变压器侧装托架及低压出线支架	ZJ5-800	副	1	TJ-ZJ-05	500019318	
	㉖	压板	YB5-460P	块	6	TJ-LT-03	500127019	
	㉗	蝶式绝缘子	ED-1	只	8		500017324	
	㉘	抱箍	BG8-300	块	4	TJ-BG-03	500018783	
	㉙	双头螺杆	M16×200	根	8		500013069	配双螺母垫片
	㉚	压板	YB5-740J	块	4	TJ-LT-04	500126963	
	㉛	接地装置		副	1			根据现场实际设计选定
	㉜	布电线	BV-35	m	15			
	㉝	低压接线桩头	SBJ-1-M20	只	4			
	㉞A	接线端子	DT-300	个	8			选装
	㉞B	接线端子	DT-150	个	8			选装
	㉞C	电缆附件	1×300，户内终端，冷缩	套	8		500131009	选装
	㉞D	电缆附件	1×150，户内终端，冷缩	套	8			选装
	㉟	高压绝缘罩	10kV	只	3			
	㊱	低压绝缘罩	1kV	只	4			
		螺栓	M16×45	件	54			配螺母
		螺栓	M16×70	件	34			配螺母
		螺母	M16	个	10			
		垫圈	M16	个	36			
		螺栓	M12×40	件	24			
		螺栓	M16×130	件	12			
		螺栓	M14×40	件	4			
		垫圈	M14	个	8			
		螺栓	M18×70	件	4			
		垫圈	M18	个	8			
其他类	㊲	绝缘并沟线夹	LH31	副	6		500052217	弹射楔型、螺栓J、C型线夹可选

续表

材料类别	编号	名称	型号	单位	数量	图纸编号	物料编码	备注
其他类	㊳	横担抱箍	HBG6-240	块	1	TJ-BG-04	500018892	
	㊴	横担	HD6-1500	块	2	TJ-HD-01	500071566	
	㊵	挂线联铁	LT7-580G	块	8	TJ-LT-01	500123916	
	㊶	低压耐张串		串	8			
	㊷	低压电缆终端	设计选定	只	8			
	㊸	设备线夹	SLG-3	只	8			
	㊹	横担抱箍	HBG6-240	块	1	TJ-BG-04	500018892	
	㊺	抱箍	BG6-240	块	1	TJ-BG-02	500018831	
	㊻	横担抱箍	HBG6-260	块	1	TJ-BG-04	500019099	
	㊼	抱箍	BG6-260	块	1	TJ-BG-02	500019005	
	㊽	横担抱箍	HBG6-280	块	1	TJ-BG-04	500018893	
	㊾	抱箍	BG6-280	块	1	TJ-BG-02	500019006	
	㊿	横担抱箍	HBG6-300	块	1	TJ-BG-04	500019100	
	51	抱箍	BG6-300	块	1	TJ-BG-02	500018832	

材料类别	编号	名称	型号	单位	数量	图纸编号	物料编码	备注
其他类	52	低压电缆或低压绝缘线	设计选定	m	按需			选装
	53	杆上电缆固定架	DLJ5-165	块	4	TJ-ZJ-02	500055071	
	54	电缆卡抱		块	10	TJ-BG6-01		按实际情况选用
	55	杆上电缆护管	DLHG-114A	副	2	TJ-HG-01	500020103	选装
		螺栓	M16×45	件	42			配螺母
		螺栓	M16×70	件	22			配螺母
		螺母	M16	个	6			
		垫圈	M16	个	24			
		螺栓	M12×40	件	16			
		螺栓	M16×130	件	6			

附录 B　10kV 柱上变压器台侧装 15m 双杆典型设计方案（见图 B-1，表 B-1）

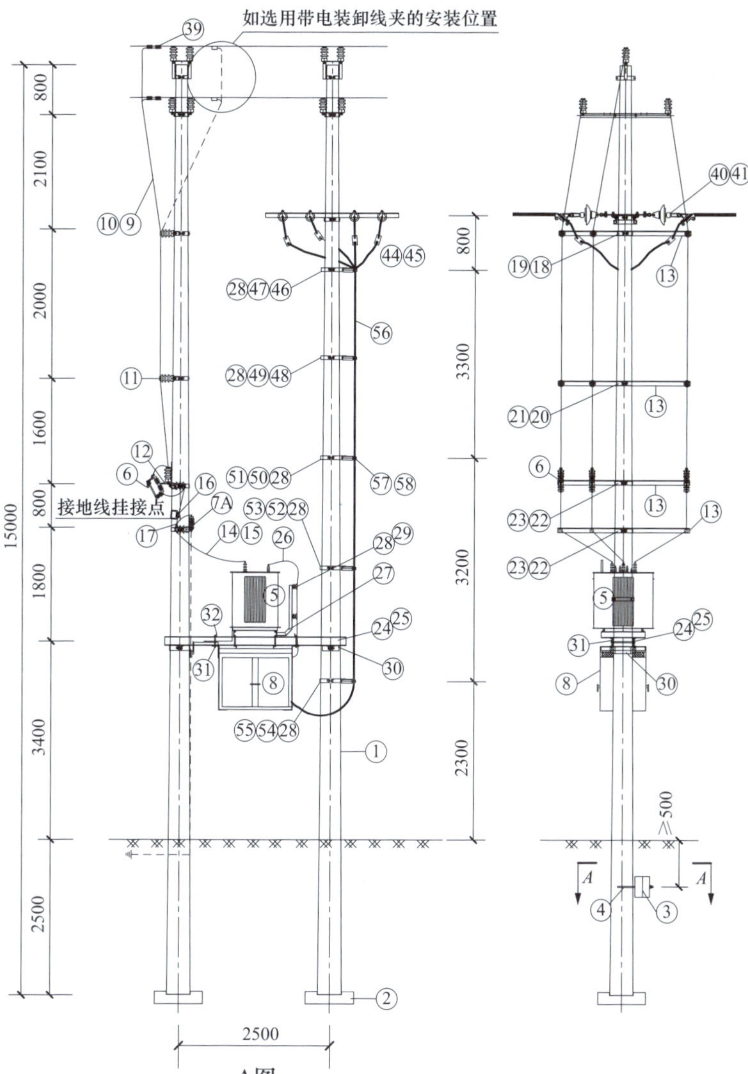

A图

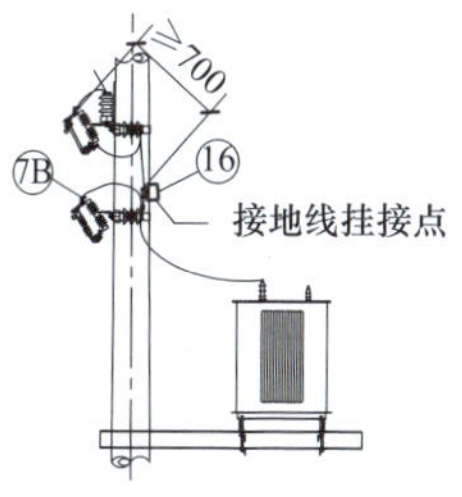

B图

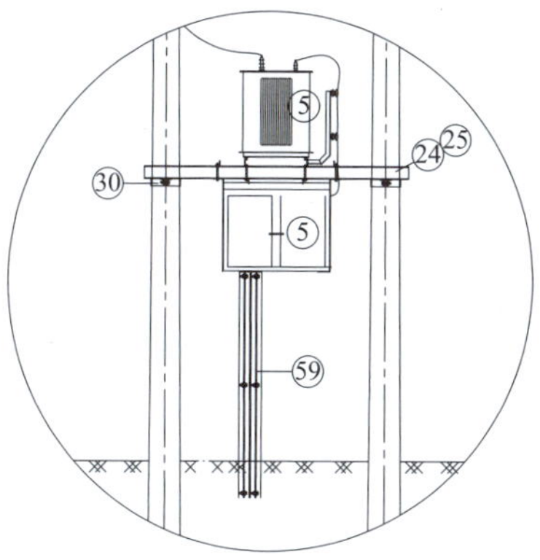
C图

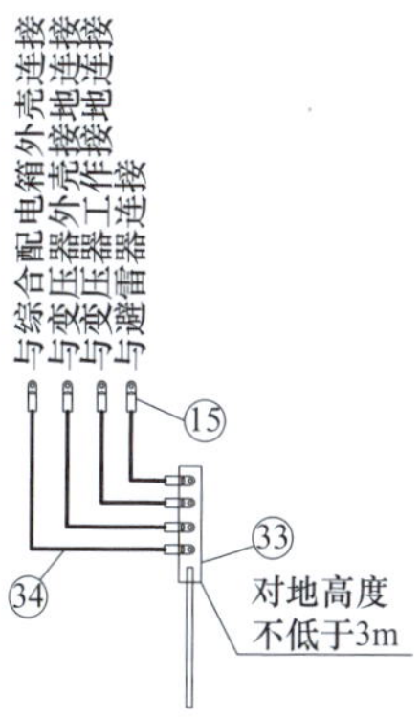

D图

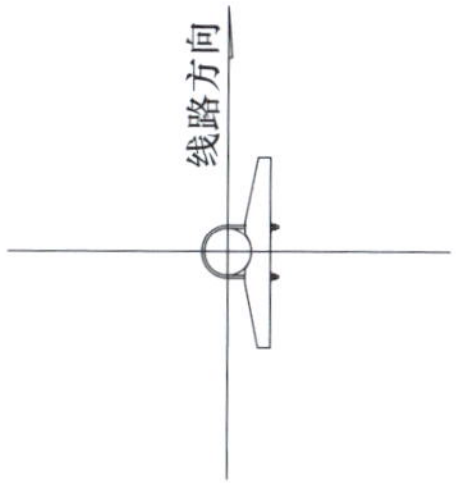

A—A

说明：1.A图、B图为不同避雷器组装型式。
2.本图采用低压配电箱型式。若为电缆下地出线，见C图，同时应考虑电缆保护管的固定措施。
3.绝缘穿刺接地线夹与熔断器上桩头间距应大于700mm。
4.熔断器和避雷器裸露部分需配绝缘罩。
5.若采用TT接地系统，低压综合配电箱外壳需单独接地。
6.10kV接地系统采用不接地、消弧线圈时，保护接地和工作接地按D图所示汇集一点接地；采用小电阻接地时，保护接地和工作接地需分开设置。

图 B-1　柱上变压器杆型图（15m 双杆）（ZA-1-CX-D1-02-01）

表B-1　物料清单（15m双杆）（ZA-1-CX-D1-03-01）

材料类别	编号	名称	型号	单位	数量	图纸编号	物料编码	备注
电杆类	①	电杆	190mm×15m×M	根	2		500013974	
	②	底盘	DP-6	块	2			可选
	③	卡盘	KP12	块	2		500027391	可选
	④	卡盘U型抱箍	U20	只	2	TJ-ZJ-07		可选
设备类	⑤	变压器		台				按实际情况选用
	⑥	跌落式熔断器	100A	只	3		500007914	熔丝按变压器容量配置；可选封闭型；带绝缘罩
	⑦A	普通避雷器	HY5WS5-17/50	台	3		500027151	A图，配绝缘罩
	⑦B	可装卸式避雷器	HY5WS5-17/50	台	3		500027151	B图，配绝缘罩
JP柜类	⑧	低压综合配电箱		台	1			按实际情况选用
成套附件类	⑨	高压绝缘线	JKLYJ-10/50	m	25		500014672	熔断器前使用
	⑩	接线端子	DT-50，铜镀锡	个	3			
	⑪	柱式绝缘子	R5ET105L	只	15			
	⑫	熔断器安装架	RJ7-170	块	3	TJ-ZJ-01	500019880	
	⑬	横担	HD7-2300	块	4	TJ-HD-03	500126951	
	⑭	高压绝缘线	JKTRYJ-10/35	m	6		500065813	熔断器后使用
	⑮	接线端子	DT-35	只	21			
	⑯	绝缘穿刺接地线夹		副	3		500032474	并沟线夹可选
	⑰	绝缘压接线夹	LH11-10/35	副	3			弹射楔型、螺栓J、C型线夹可选
	⑱	横担抱箍	HBG6-240	块	1	TJ-BG-04	500018892	
	⑲	抱箍	BG6-240	块	1	TJ-BG-02	500018831	
	⑳	横担抱箍	HBG6-260	块	1	TJ-BG-04	500019099	
	㉑	抱箍	BG6-260	块	1	TJBG-02	500019005	
	㉒	横担抱箍	HBG6-300	块	2	TJ-BG-04	500019100	
	㉓	抱箍	BG6-300	块	2	TJ-BG-02	500018832	
	㉔	变压器双杆支持架	[14-3000	副	1	TJ-ZJ-03	500035224	
	㉕	双头螺杆	M20×400	根	4	TJ-QT-01	500013166	配双螺母垫片

材料类别	编号	名称	型号	单位	数量	图纸编号	物料编码	备注
成套附件类	㉖A	低压绝缘线（可选）	JKTRYJ-1/300	m	15		500065814	200kVA及以上配电变压器使用
	㉖B	低压绝缘线（可选）	JKTRYJ-1/150	m	15		500065823	200kVA以下配电变压器使用
	㉖C	低压电缆（可选）	ZC-YJV-0.6/1kV-1×300	m	15			200kVA及以上配电变压器使用
	㉖D	低压电缆（可选）	ZC-YJV-0.6/1kV-1×150	m	15		500113168	200kVA以下配电变压器使用
	㉖E	低压电缆（可选）	ZC-EFR-0.6/1kV-300	m	15			200kVA及以上配电变压器使用
	㉗	变压器侧装托架及低压出线支架	ZJ5-800	副	1	TJ-ZJ-05	500019318	
	㉘	压板	YB5-460P	块	7	TJ-LT-03	500127019	
	㉙	蝶式绝缘子	ED-1	只	8		500017324	
	㉚	抱箍	BG8-320	块	4	TJ-BG-03	500018784	
	㉛	双头螺杆	M16×200	根	8		500013069	配双螺母垫片
	㉜	压板	YB5-740J	块	4	TJ-LT-04	500126963	
	㉝	接地装置		副	1			根据现场实际设计选定
	㉞	布电线	BV-35	m	15			
	㉟	低压接线桩头	SBJ-1-M20	只	4			
	㊱A	接线端子	DT-300	个	8			选装
	㊱B	接线端子	DT-150	个	8			选装
	㊱C	电缆附件	1×300，户内终端，冷缩	套	8		500131009	选装
	㊱D	电缆附件	1×150，户内终端，冷缩	套	8			选装
	㊲	高压绝缘罩	10kV	只	3			
	㊳	低压绝缘罩	1kV	只	4			
		螺栓	M16×45	件	54			配螺母
		螺栓	M16×70	件	34			配螺母
		螺母	M16	个	10			
		垫圈	M16	个	36			
		螺栓	M12×40	件	24			
		螺栓	M16×130	件	12			
		螺栓	M14×40	件	4			
		垫圈	M14	个	8			
		螺栓	M18×70	件	4			
		垫圈	M18	个	8			

续表

材料类别	编号	名称	型号	单位	数量	图纸编号	物料编码	备注
其他类	39	绝缘并沟线夹	LH31	副	6		500052217	弹射楔型、螺栓J、C型线夹可选
	40	横担抱箍	HBG6-240	块	1	TJ-BG-04	500018892	
	41	横担	HD6-1500	块	2	TJ-HD-01	500071566	
	42	挂线联铁	LT7-580G	块	8	TJ-LT-01	500123916	
	43	低压耐张串		串	8			
	44	低压电缆终端	设计选定	只	8			
	45	设备线夹	SLG-3	只	8			
	46	横担抱箍	HBG6-260	块	1	TJ-BG-04	500019099	
	47	抱箍	BG6-260	块	1	TJ-BG-02	500019005	
	48	横担抱箍	HBG6-280	块	1	TJ-BG-04	500018893	
	49	抱箍	BG6-280	块	1	TJ-BG-02	500019006	
	50	横担抱箍	HBG6-300	块	1	TJ-BG-04	500019100	
	51	抱箍	BG6-300	块	1	TJ-BG-02	500018832	
	52	横担抱箍	HBG6-320	块	1	TJ-BG-04	500019102	
其他类	53	抱箍	BG6-320	块	1	TJ-BG-02	500019101	
	54	横担抱箍	HBG6-340	块	1	TJ-BG-04	500019102	
	55	抱箍	BG6-340	块	1	TJ-BG-02	500018833	
	56	低压电缆或低压绝缘线	设计选定	m	按需			选装
	57	杆上电缆固定架	DLJ5-165	块	5	TJ-ZJ-02	500055071	
	58	电缆卡抱		块	10	TJ-BG-01		按实际情况选用
	59	杆上电缆护管	DLHG-114A	副	2	TJ-HG-01	500020103	选装
		螺栓	M16×45	件	42			配螺母
		螺栓	M16×70	件	22			配螺母
		螺母	M16	个	6			
		垫圈	M16	个	24			
		螺栓	M12×40	件	16			
		螺栓	M16×130	件	6			

附录 C　10kV 柱上变压器台侧装 10m 双杆典型设计方案（见图 C-1，表 C-1）

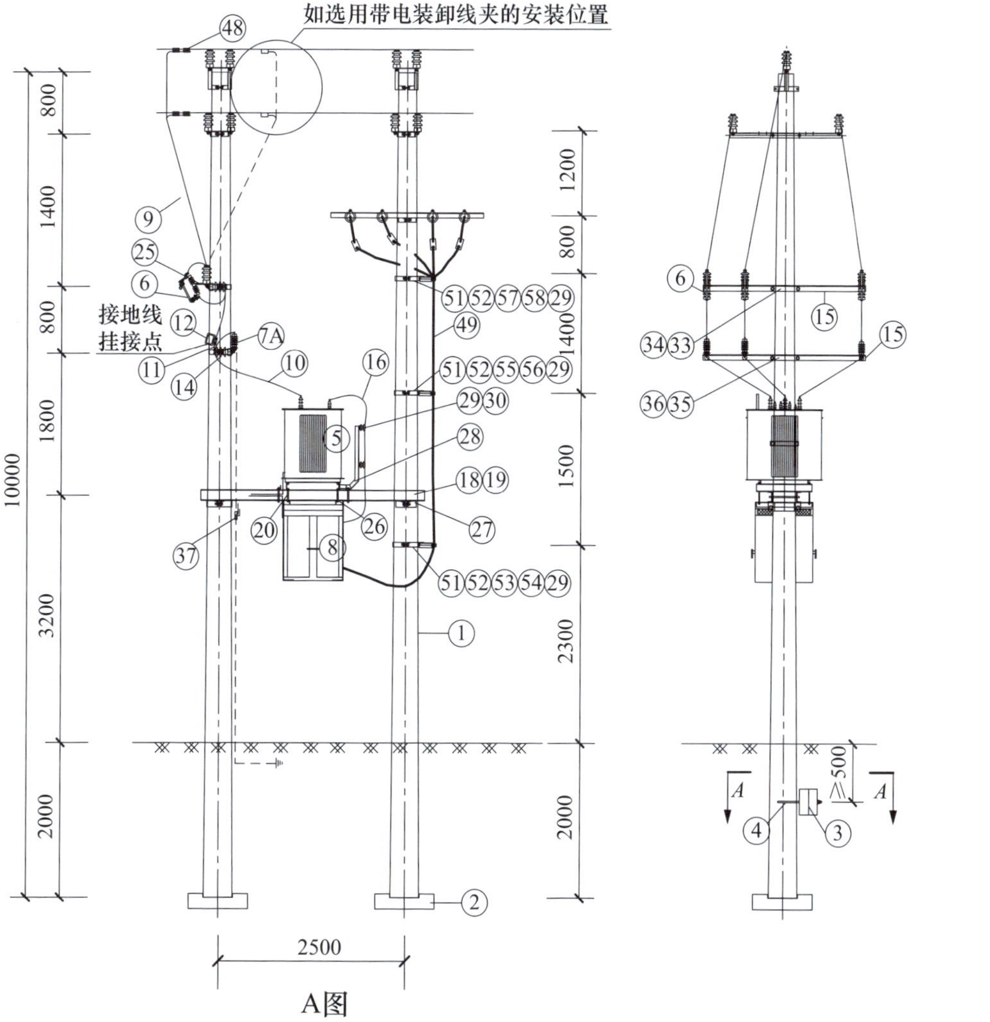

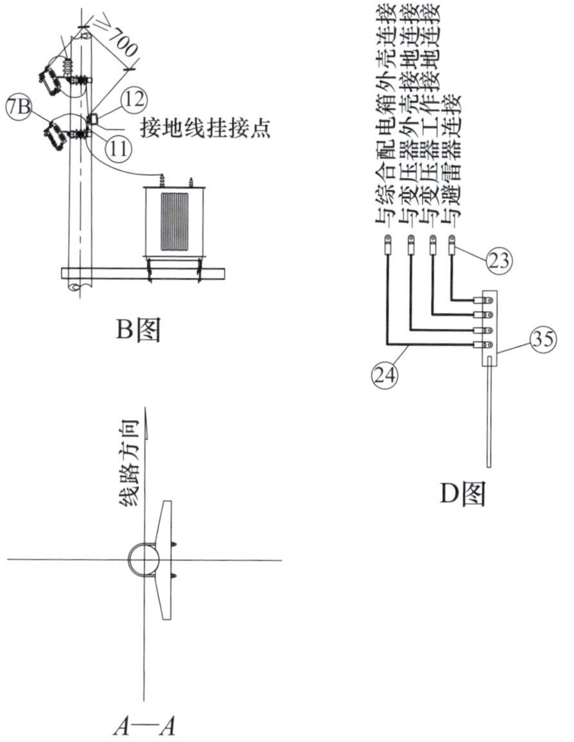

说明：1.A图、B图为不同避雷器组装型式。
2.本图采用低压配电箱型式。不考虑低压电缆出线。
3.绝缘穿刺接地线夹与熔断器上桩头间距应大于700mm。
4.熔断器和避雷器裸露部分需配绝缘罩。
5.若采用TT接地系统，低压综合配电箱外壳需单独接地。
6.10kV接地系统采用不接地、消弧线圈时，保护接地和工作接地按D图所示汇集一点接地；采用小电阻接地时，保护接地和工作接地需分开设置。
7.本杆型图仅适用于偏远地区，负荷需求小，变压器容量在200kVA及以下。

图 C-1　柱上变压器杆型图（10m 双杆）（ZA-1-CX-D1-02-03）

表C-1　物料清单（10m双杆）（ZA-1-CX-D1-03-03）

材料类别	编号	名称	型号	单位	数量	图纸编号	物料编码	备注
电杆类	①	电杆	190mm×10m×I	根	2		500033663	
	②	底盘	DP-6		2			可选
	③	卡盘	KP12	块	2		500027391	可选
	④	卡盘U型抱箍	U20	只	2	TJ-ZJ-07		可选
设备类	⑤	变压器		台	1			按实际情况选用
	⑥	跌落式熔断器	100A	只	3		500126974	
	⑦A	普通避雷器	HY5WS5-17/50	台	3		500027151	A图，带绝缘罩
	⑦B	可卸装式避雷器	HY5WS-17/50	台	3		500027151	B图，带绝缘罩
JP柜	⑧	低压综合配电箱		台	1			按实际情况选用
成套附件类	⑨	高压绝缘线	JKLYJ-10/50	m	7		500014672	熔断器前使用
	⑩	高压绝缘线	JKTRYJ-10/35	m	6		500065813	熔断器后使用
	⑪	绝缘压接线夹	LH11-10/35	副	3			弹射楔型、螺栓J、C型线夹可选
	⑫	绝缘穿刺接地线夹		副	3		500032474	并沟线夹可选
	⑬	接线端子	DT-50，铜镀锡	个	3			
	⑭	柱式绝缘子	R5ET105L	只	9			
	⑮	横担	HD7-2300	块	2	TJ-HD-03	500126951	
	⑯	低压绝缘线（可选）	JKTRYJ-1/150	m	15		500065823	200kVA以下配电变压器使用
		低压电缆（可选）	ZC-YJV-0.6/1kV-1×150	m	15		500113168	200kVA以下配电变压器使用
成套附件类	⑰	接线端子	DT-150	个	8			按实际情况选用
		低压电缆终端	1×150，户内终端，冷缩	个	8			按实际情况选用
	⑱	变压器双杆支持架	[14-3000	副	1	TJ-ZJ-03	500035224	
	⑲	双头螺杆	M20×400	根	4	TJ-QT-01	500013166	配双螺母垫片
	⑳	双头螺杆	M16×200	根	4	TJ-QT-01	500013069	配双螺母垫片（可选防盗螺栓）
	㉑	低压接线桩头	SBJ-1-M20	只	4			
	㉒	高压接线桩头	SBJ-1-M12	只	3			
	㉓	接线端子	DT-35	只	21			
	㉔	布电线	BV-35	m	12			
	㉕	熔断器安装架	RJ7-170	块	3	TJ-ZJ-01	500019880	
	㉖	压板	YB5-740J	块	4	TJ-LT-04	500126963	
	㉗	抱箍	BG8-260	块	4	TJ-BG-03	500018781	
	㉘	变压器侧装托架及低压出线支架	ZJ6-800	副	1	TJ-ZJ-06	500019318	
	㉙	压板	YB5-460P	块	5	TJ-LT-03	500127019	
	㉚	蝶式绝缘子	ED-1	只	8		500017324	
	㉛	高压绝缘罩	10kV	只	3			
	㉜	低压绝缘罩	1kV	只	4			
	㉝	横担抱箍	HBG6-220	块	1	TJ-BG-04	500019098	
	㉞	抱箍	BG6-220	块	1	TJ-BG-02	500018864	
	㉟	横担抱箍	HBG6-240	块	1	TJ-BG-04	500018892	
	㊱	抱箍	BG6-240	块	1	TJ-BG-02	500018831	

续表

材料类别	编号	名称	型号	单位	数量	图纸编号	物料编码	备注
成套附件类	㊲	接地装置		副	1			
	㊳	螺栓	M16×45	件	54			
	㊴	螺栓	M16×70	件	32			
	㊵	螺母	M16	个	10			
	㊶	垫圈	M16	个	36			
	㊷	螺栓	M12×40	件	24			
	㊸	螺栓	M16×130	件	12			
	㊹	螺栓	M14×40	件	4			
	㊺	垫圈	M14	个	8			
	㊻	螺栓	M18×70	件	4			
	㊼	垫圈	M18	个	8			
其他类	㊽	绝缘并沟线夹	LH31	副	6		500052217	弹射楔型、螺栓J、C型线夹可选
	㊾	低压电缆	设计选定	m	按需			
	㊿	低压电缆终端	设计选定	只	8			

材料类别	编号	名称	型号	单位	数量	图纸编号	物料编码	备注
其他类	51	杆上电缆固定架	DLJ5-165	块	3	TJ-ZJ-02	500055071	
	52	电缆卡抱	设计选定	块	6	TJ-BG-01		
	53	横担抱箍	HBG6-260	块	2	TJ-BG-04	500019099	
	54	抱箍	BG6-260	块	2	TJ-BG-02	500019005	
	55	横担抱箍	HBG6-240	块	2	TJ-BG-04	500018892	
	56	抱箍	BG6-240	块	2	TJ-BG-02	500018831	
	57	横担抱箍	HBG6-220	块	2	TJ-BG-04	500019098	
	58	抱箍	BG6-220	块	2	TJ-BG-02	500018864	
	59	螺栓	M16×45	件	42			
	60	螺栓	M16×70	件	22			
	61	螺母	M16	个	6			
	62	垫圈	M16	个	24			
	63	螺栓	M12×40	件	16			
	64	螺栓	M16×130	件	6			

附录 D　10kV 柱上变压器台正装 12m 双杆典型设计方案（见图 D-1，表 D-1）

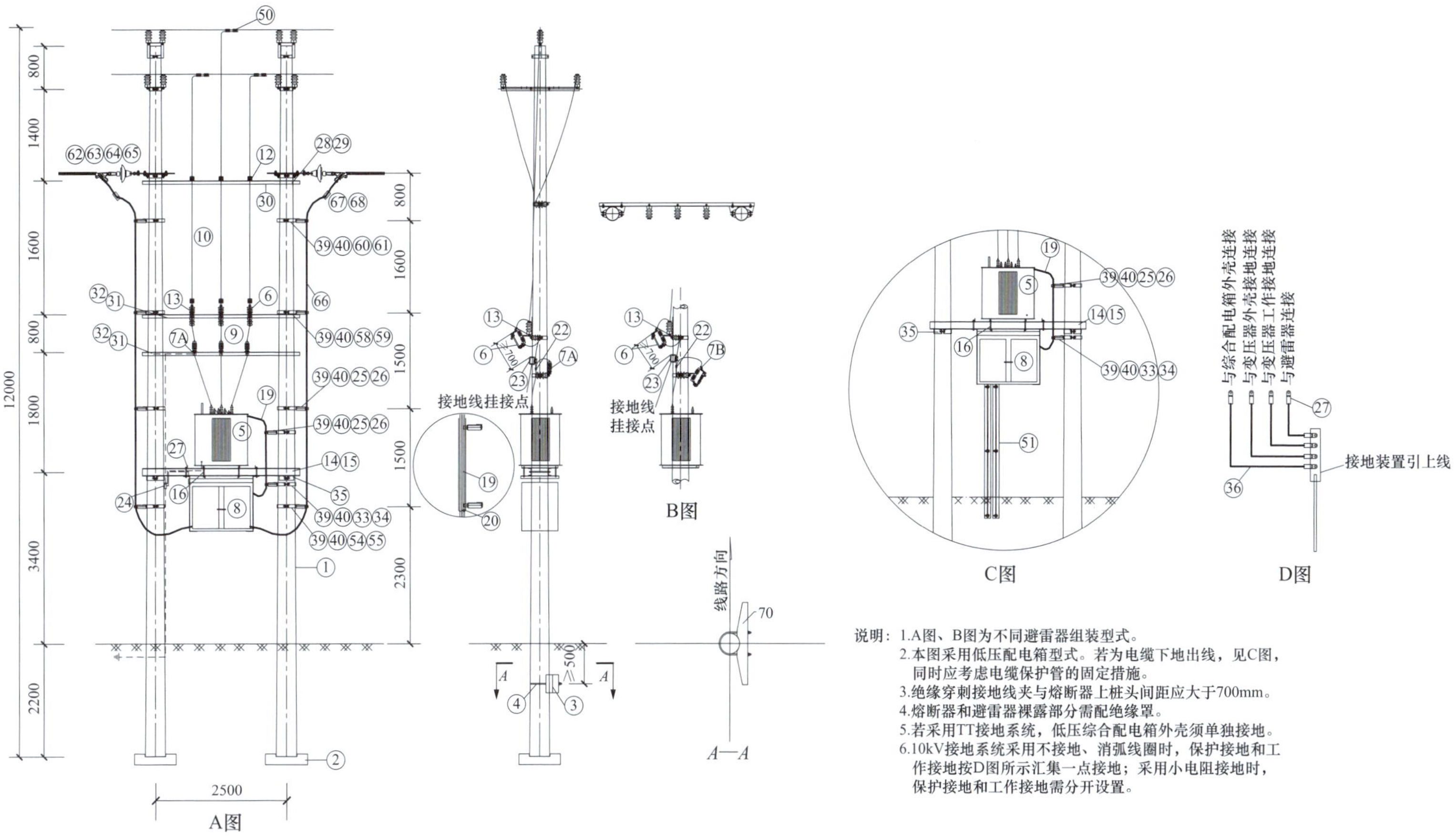

说明：1.A图、B图为不同避雷器组装型式。
2.本图采用低压配电箱型式。若为电缆下地出线，见C图，同时应考虑电缆保护管的固定措施。
3.绝缘穿刺接地线夹与熔断器上桩头间距应大于700mm。
4.熔断器和避雷器裸露部分需配绝缘罩。
5.若采用TT接地系统，低压综合配电箱外壳须单独接地。
6.10kV接地系统采用不接地、消弧线圈时，保护接地和工作接地按D图所示汇集一点接地；采用小电阻接地时，保护接地和工作接地需分开设置。

图 D-1　柱上变压器杆型图（12m 双杆）（ZA-1-ZX-D1-02-02）

表 D-1　物料清单（12m 双杆）（ZA-1-ZD-D1-03-02）

材料类别	编号	名称	型号	单位	数量	图纸编号	物料编码	备注
电杆类	①	电杆	190mm×12m×M	根	2		500013972	
	②	底盘	DP-6	块	2			可选
	③	卡盘	KP12	块	2		500027391	可选
	④	卡盘 U 型抱箍	U20	只	2	TJ-ZJ-07		可选
设备类	⑤	变压器		台	1			按实际情况选用
	⑥	跌落式熔断器	100A	只	3		500126974	熔丝按变压器容量配置，可选封闭型；带绝缘罩
	⑦A	普通避雷器	HY5WS5-17/50	台	3		500027151	A 图，带绝缘罩
	⑦B	可卸装式避雷器	HY5WS-17/50	台	3		500027151	B 图，带绝缘罩
JP 柜	⑧	低压综合配电箱		台	1			按实际情况选用
成套附件类	⑨	高压绝缘线	JKTRYJ-10/35	m	8		500065813	熔断器后使用
	⑩	高压绝缘线	JKLYJ-10/50	m	30		500014672	熔断器前使用
	⑪	高压接线桩头	SBJ-1-M12	只	3			
	⑫	柱式绝缘子	R5ET105L	只	12			
	⑬	熔丝具安装架	RJ7-170	块	3	TJ-ZJ-01	500019880	
	⑭	变压器双杆支持架	[14-3000	副	1	TJ-ZJ-03	500035224	
	⑮	双头螺杆	M20mm×400mm	根	4	TJ-QT-01	500013166	配螺母垫片
	⑯	双头螺杆	M16mm×200mm	根	4	TJ-QT-01	500013069	配螺母垫片（可选防盗螺栓）
	⑰	接线端子	DT-50（热镀锡）	个	3			
	⑱	接线端子	DT-35	只	21			
	⑲	低压绝缘线（可选）	JKTRYJ-1/300	m	15		500065814	200kVA 及以上配电变压器使用
		低压电缆（可选）	ZC-YJV-0.6/1kV-1×300	m	15			200kVA 及以上配电变压器使用
		低压电缆（可选）	ZC-EFR-0.6/1kV-300	m	15			200kVA 及以上配电变压器使用
		低压电缆（可选）	ZC-YJV-0.6/1kV-1×150	m	15		500113168	200kVA 以下配电变压器使用
		低压绝缘线（可选）	JKTRYJ-1/150	m	15		500065823	200kVA 以下配电变压器使用
	⑳	绝缘保护管	内径 100	m	1.5			
成套附件类		接线端子	DT-300/150	个	8			选装
	㉑	低压电缆终端	1×150，户内终端，冷缩	个	8			可选
		低压电缆终端	1×300，户内终端，冷缩	个	8		500131009	可选
	㉒	绝缘压接线夹	LH11-10/35	个	3			弹射楔型、螺栓 J、C 型线夹可选
	㉓	绝缘穿刺接地线夹		副	3		500032474	并沟线夹可选
	㉔	接地装置		副	1			
	㉕	横担抱箍	HBG6-280	块	1	TJ-BG-04	500018893	
	㉖	抱箍	BG6-280	块	1	TJ-BG-02	500019006	
	㉗	压板	YB5-740J	块	4	TJ-LT-04	500126963	
	㉘	横担抱箍	HBG6-220	块	2	TJ-BG-04	500019098	
	㉙	抱箍	BG6-220	块	2	TJ-BG-02	500018864	
	㉚	双杆熔丝具架	SRJ6-3000	块	3	TJ-ZJ-04	500018274	
	㉛	横担抱箍	HBG6-260	块	4	TJ-BG-04	500019099	
	㉜	抱箍	BG6-260	块	4	TJ-BG-02	500019005	
	㉝	横担抱箍	HBG6-280	块	1	TJ-BG-04	500018893	
	㉞	抱箍	BG6-280	块	1	TJ-BG-02	500019006	
	㉟	抱箍	BG8-280	块	4	TJ-BG-03	500018782	
	㊱	布电线	BV-35	m	15		500017324	
	㊲	高压绝缘罩	10kV	只	3			
	㊳	低压绝缘罩	1kV	只	4			
	㊴	杆上电缆固定架	DLJ5-165	块	2	TJ-ZJ-02	500055071	
	㊵	电缆卡抱	设计选定	块	2	TJ-BG-01		按实际情况选用
	㊶	螺栓	M16×70	件	36			配螺母
	㊷	螺母	M16	个	36			
	㊸	垫圈	M16	个	72			
	㊹	螺栓	M14×40	件	4			
	㊺	垫圈	M14	个	8			
	㊻	螺栓	M18×70	件	4			
	㊼	垫圈	M18	个	8			
	㊽	螺母	M18	件	4			
	㊾	螺栓	M12×40	件	40			
其他类	㊿	异型并沟线夹	LH31	副	6		500052217	弹射楔型、螺栓 J、C 型线夹可选
	(51)	杆上电缆护管	DLHG-114A	副	2	TJ-HG-01	500020103	选装
	(52)	杆上电缆固定架	DLJ5-165	块	8	TJ-ZJ-02	500055071	

续表

材料类别	编号	名称	型号	单位	数量	图纸编号	物料编码	备注
其他类	53	电缆卡抱	设计选定	块	10	TJ-BG-01		按实际情况选用
	54	横担抱箍	HBG6-300	块	2	TJ-BG-04	500019100	
	55	抱箍	BG6-300	块	2	TJ-BG-02	500018832	
	56	横担抱箍	HBG6-280	块	2	TJ-BG-04	500018893	
	57	抱箍	BG6-280	块	2	TJ-BG-02	500019006	
	58	横担抱箍	HBG6-260	块	2	TJ-BG-04	500019099	
	59	抱箍	BG6-260	块	2	TJ-BG-02	500019005	
	60	横担抱箍	HBG6-240	块	2	TJ-BG-04	500018892	
	61	抱箍	BG6-240	块	2	TJ-BG-02	500018831	
	62	横担抱箍	HBG6-220	块	4	TJ-BG-04	500019098	
	63	横担	HD6-1500	块	4	TJ-HD-01	500071566	

材料类别	编号	名称	型号	单位	数量	图纸编号	物料编码	备注
其他类	64	挂线联铁	LT7-580G	块	8	TJ-LT-01	500123916	
	65	低压耐张串		串	8			
	66	低压电缆	设计选定	m	20			
	67	低压电缆终端	设计选定	只	4			
	68	设备线夹	SLG-3	只	8			
	69	低压接线桩头	SBJ-1-M20	只	3			
	70	低压接线桩头	SBJ-1-M12	只	1			
	71	螺栓	M16×70	件	24			配螺母
	72	螺母	M16	个	24			
	73	垫圈	M16	个	48			
	74	螺栓	M14×40	件	24			
	75	垫圈	M14	个	48			

附录E 10kV柱上变压器台正装15m双杆典型设计方案（见图E-1，表E-1）

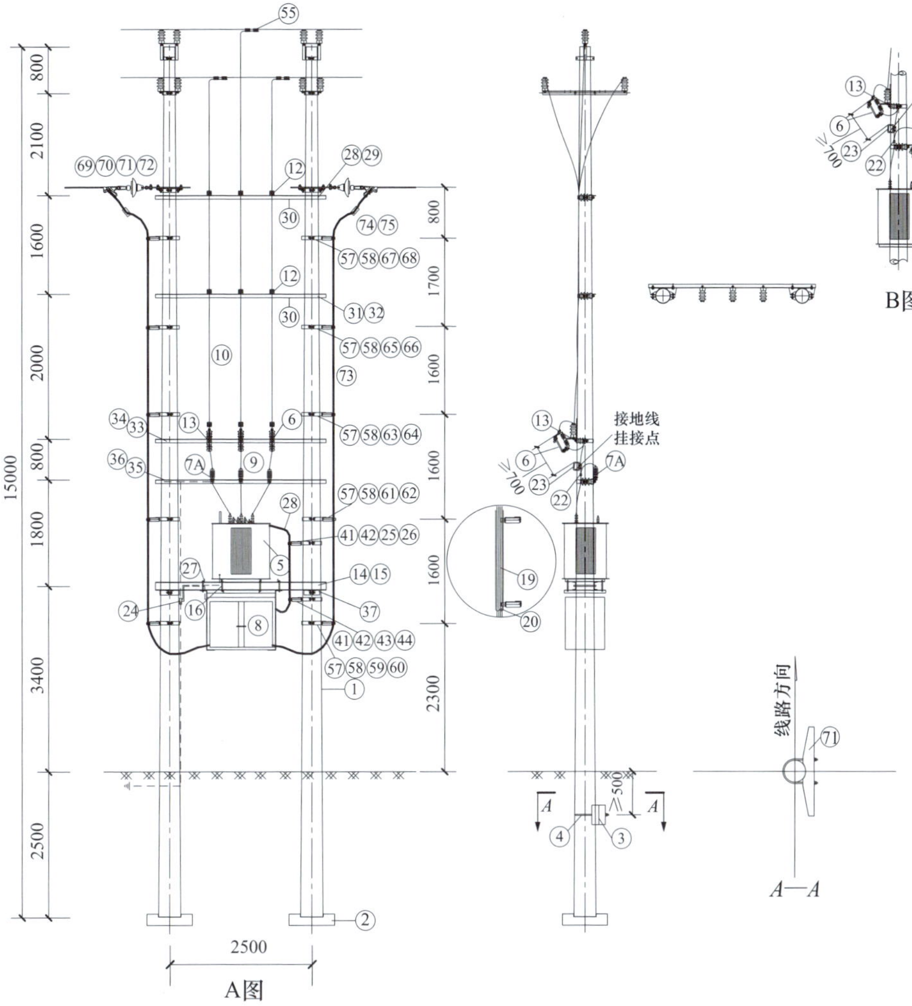

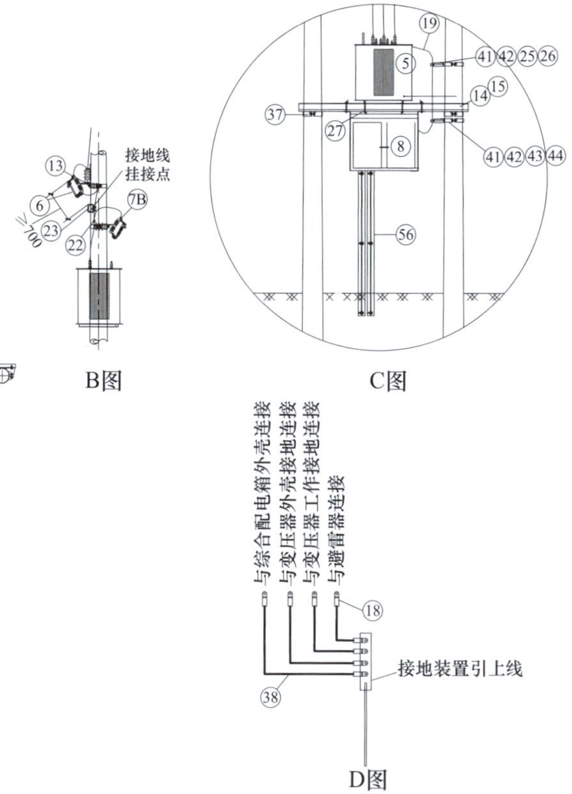

说明：1.A图、B图为不同避雷器组装型式。
2.本图采用低压配电箱型式。若为电缆下地出线，见C图，同时应考虑电缆保护管的固定措施。
3.绝缘穿刺接地线夹与熔断器上桩头间距应大于700mm。
4.熔断器和避雷器裸露部分需配绝缘罩。
5.若采用TT接地系统，低压综合配电箱外壳须单独接地。
6.10kV接地系统采用不接地、消弧线圈时，保护接地和工作接地按D图所示汇集一点接地；采用小电阻接地时，保护接地和工作接地需分开设置。

图 E-1 柱上变压器杆型图（15m 双杆）（ZA-1-ZX-D1-02-01）

表 E-1　物料清单（15m 双杆）（ZA-1-ZX-D1-03-01）

材料类别	编号	名称	型号	单位	数量	图纸编号	物料编码	备注
电杆类	①	电杆	190mm×15m×M	根	2		500013974	
	②	底盘	DP-6	块	2			可选
	③	卡盘	KP12	块	2		500027391	可选
	④	卡盘 U 型抱箍	U20	只	2	TJ-ZJ-07		可选
设备类	⑤	变压器		台	1			按实际情况选用
	⑥	跌落式熔断器	100A	只	3		500126974	熔丝按变压器容量配置；可选封闭；带绝缘罩
	⑦A	普通避雷器	HY5WS5-17/50	台	3		500027151	A 图，带绝缘罩
	⑦B	可卸装式避雷器	HY5WS-17/50	台	3		500027151	B 图，带绝缘罩
JP 柜	⑧	低压综合配电箱		台	1			按实际情况选用
成套附件类	⑨	高压绝缘线	JKTRYJ-10/35	m	8		500065813	熔断器后使用
	⑩	高压绝缘线	JKLYJ-10/50	m	30		500014672	熔断器前使用
	⑪	高压接线桩头	SBJ-1-M12	只	3			
	⑫	柱式绝缘子	R5ET105L	只	15			
	⑬	熔丝具安装架	RJ7-170	块	3	TJ-ZJ-01	500019880	
	⑭	变压器双杆支持架	[14-3000	副	1	TJ-ZJ-03	500035224	
	⑮	双头螺杆	M20×400	根	4	TJ-QT-01	500013166	配螺母垫片
	⑯	双头螺杆	M16×200	根	4	TJ-QT-01	500013069	配螺母垫片（可选防盗螺栓）
	⑰	接线端子	DT-50（热镀锡）	个	3			
	⑱	接线端子	DT-35	只	21			
	⑲	低压绝缘线（可选）	JKTRYJ-1/300	m	15		500065814	200kVA 及以上配电变压器使用
		低压电缆（可选）	ZC-YJV-0.6/1kV-1×300	m	15			200kVA 及以上配电变压器使用
		低压电缆（可选）	ZC-EPR-0.6/1kV-300	m	15			200kVA 及以上配电变压器使用
		低压电缆（可选）	ZC-YJV-0.6/1kV-1×150	m	15		500113168	200kVA 以下配电变压器使用
		低压绝缘线（可选）	JKTRYJ-1/150	m	15		500065823	200kVA 以下配电变压器使用
成套附件类	⑳	绝缘保护管	内径 100	m	1.5			
	㉑	接线端子	DT-300/150	个	8			选装
		低压电缆终端	1×150，户内终端，冷缩	个	8			可选
		低压电缆终端	1×300，户内终端，冷缩	个	8		500131009	可选
	㉒	绝缘压接线夹	LH11-10/35	个	3			弹射楔型、螺栓J、C 型线夹可选
	㉓	绝缘穿刺接地线夹		副	3		500032474	并沟线夹可选
	㉔	接地装置		副	1			
	㉕	横担抱箍	HBG6-300	块	1	TJ-BG-04	500019100	
	㉖	抱箍	BG6-300	块	1	TJ-BG-02	500018832	
	㉗	压板	YB5-740J	块	4	TJ-LT-04	500126963	
	㉘	横担抱箍	HBG6-220	块	2	TJ-BG-04	500019098	
	㉙	抱箍	BG6-220	块	2	TJ-BG-02	500018864	
	㉚	双杆熔丝具架	SR16-3000	块	4	TJ-ZJ-04	500018274	
	㉛	横担抱箍	HBG6-260	块	2	TJ-BG-04	500019099	
	㉜	抱箍	BG6-260	块	2	TJ-BG-02	500019005	
	㉝	横担抱箍	HBG6-280	块	2	TJ-BG-04	500018893	
	㉞	抱箍	BG6-280	块	2	TJ-BG-02	500019006	
	㉟	横担抱箍	HBG6-300	块	2	TJ-BG-04	500007914	
	㊱	抱箍	BG6-300	块	2	TJ-BG-02	500007914	
	㊲	抱箍	BG8-320	块	4	TJ-BG-03	500018784	
	㊳	布电线	BV-35	m	15		500017324	
	㊴	高压绝缘罩	10kV	只	3			
	㊵	低压绝缘罩	1kV	只	4			
	㊶	杆上电缆固定架	DLJ5-165	块	2	TJ-ZJ-02	500055071	
	㊷	电缆卡抱	设计选定	块	2	TJ-BG-01		按实际情况选用
	㊸	横担抱箍	HBG6-320	块	1	TJ-BG-04	500019101	
	㊹	抱箍	BG6-320	块	1	TJ-BG-02	500019007	
	㊺	螺栓	M16×45	件	24			配螺母
	㊻	螺栓	M16×70	件	36			配螺母
	㊼	螺母	M16	个	36			
	㊽	垫圈	M16	个	72			
	㊾	螺栓	M14×40	件	4			
	㊿	垫圈	M14	个	8			
	(51)	螺栓	M18×70	件	4			
	(52)	垫圈	M18	个	8			

续表

材料类别	编号	名称	型号	单位	数量	图纸编号	物料编码	备注
成套附件类	53	螺母	M18	件	4			
	54	螺栓	M12×40	件	40			
其他类	55	异型并沟线夹	LH31	副	6		500052217	弹射楔型、螺栓J、C型线夹可选
	56	杆上电缆护管	DLHG-114A	副	2	TJ-HG-01	500020103	选装
	57	杆上电缆固定架	DLJ5-165	块	10	TJ-ZJ-02	500055071	
	58	电缆卡抱	设计选定	块	10	TJ-BG-01		按实际情况选用
	59	横担抱箍	HBG6-320	块	2	TJ-BG-04	500019101	
	60	抱箍	BG6-320	块	2	TJ-BG-02	500019007	
	61	横担抱箍	HBG6-300	块	2	TJ-BG-04	500019100	
	62	抱箍	BG6-300	块	2	TJ-BG-02	500018832	
	63	横担抱箍	HBG6-280	块	2	TJ-BG-04	500018893	
	64	抱箍	BG6-280	块	2	TJ-BG-02	500019006	
	65	横担抱箍	HBG6-260	块	2	TJ-BG-04	500019099	
	66	抱箍	BG6-260	块	2	TJ-BG-02	500019005	

材料类别	编号	名称	型号	单位	数量	图纸编号	物料编码	备注
其他类	67	横担抱箍	HBG6-240	块	2	TJ-BG-04	500018892	
	68	抱箍	BG6-240	块	2	TJ-BG-02	500018831	
	69	横担抱箍	HBG6-240	块	4	TJ-BG-04	500018892	
	70	横担	HD6-1500	块	4	TJ-HD-01	500071566	
	71	挂线联铁	LT7-580G	块	8	TJ-LT-01	500123916	
	72	低压耐张串		串	8			
	73	低压电缆	设计选定	m	20			
	74	低压电缆终端	设计选定	只	4			
	75	设备线夹	SLG-3	只	8			
	76	低压接线桩头	SBJ-1-M20	只	3			
	77	低压接线桩头	SBJ-1-M12	只	1			
	78	螺栓	M16×70	件	24			
	79	螺母	M16	个	24			
	80	垫圈	M16	个	48			
	81	螺栓	M14×40	件	24			
	82	垫圈	M14	个	48			